普通高等教育“十二五”规划教材

Android 开发实用教程

主　编　王建华　张　伟

副主编　于　丹　于　延　赵润东　李晓楠

内 容 提 要

Android 是移动开发三大平台之一，本书是作者及其开发团队在该平台实际开发经验的总结。本书通过详尽的理论基础知识讲解，辅以大量示例，全面介绍了 Android 应用开发的方法和技巧。全书共 14 章，包括 Android 基础知识介绍、Android 应用程序开发、Android 界面设计和常用 Android API 等内容。

本书并不局限于枯燥的理论介绍，而是采用实例的方式来讲授知识点，以便读者可以更好地阅读以及进行相关知识点的理解和发散。在内容上，涉及当前移动互联网领域一些拥有大量用户数的客户端应用的一些特色功能的原理介绍以及代码实现。

本书可作为 Android 初中级开发者参考用书，也可作为高等院校教材，还可作为自学人员学习用书。

图书在版编目（CIP）数据

Android开发实用教程 / 王建华，张伟主编. -- 北京 : 中国水利水电出版社，2014.9
普通高等教育“十二五”规划教材
ISBN 978-7-5170-2514-6

Ⅰ. ①A… Ⅱ. ①王… ②张… Ⅲ. ①移动终端－应用程序－程序设计－高等学校－教材 Ⅳ. ①TN929.53

中国版本图书馆CIP数据核字(2014)第214990号

策划编辑：石永峰　责任编辑：李　炎　加工编辑：田新颖　封面设计：李　佳

书　名	普通高等教育“十二五”规划教材 Android 开发实用教程
作　者	主　编　王建华　张　伟 副主编　于　丹　于　延　赵润东　李晓楠
出版发行	中国水利水电出版社 （北京市海淀区玉渊潭南路 1 号 D 座　100038） 网址：www.waterpub.com.cn E-mail：mchannel@263.net（万水） sales@waterpub.com.cn 电话：（010）68367658（发行部）、82562819（万水）
经　售	北京科水图书销售中心（零售） 电话：（010）88383994、63202643、68545874 全国各地新华书店和相关出版物销售网点
排　版	北京万水电子信息有限公司
印　刷	北京蓝空印刷厂
规　格	184mm×260mm　16 开本　8 印张　198 千字
版　次	2014 年 9 月第 1 版　2014 年 9 月第 1 次印刷
印　数	0001—3000 册
定　价	18.00 元

前　　言

随着世界经济的发展，智能设备已成为人们生活中不可或缺的生活品，而拥有一部智能手机更是必须的，在如今无处不在的智能设备中，智能手机由于小巧方便，功能全面而流行起来，但最重要的是它最大程度地扩展了手机的功能。智能手机是指使用开放式操作系统的手机，同时第三方可根据操作系统提供的应用编程接口为手机开发各种扩展应用硬件。这种手机除了具有普通手机的通话功能外，还具有 PDA 的大部分功能。另外，它在个人信息管理以及基于无线数据通信的浏览器和电子通信功能方面也比较突出。现在把是否具有嵌入式操作系统与是否可以支持第三方软件作为智能手机与普通手机的两大区分点。Android 是移动手机开发的三大平台之一，也是当下使用范围最大的开发系统。本书是作者及其开发团队在该平台实际开发经验的总结，通过详尽的理论基础知识讲解，辅以大量示例，全面介绍了 Android 应用开发的方法和技巧。全书共 14 章，主要包括 Android 的发展简介、如何搭建 Android 开发环境、Android 应用程序开发、Android 界面基本控件、Android 事件处理和一些常用的 Android API 等内容。

Android 系统之所以流行主要是因为它的任何资源都是对外开放的。除此之外它还具有如下的特点。

1. 开放性

开放的平台允许任何移动终端厂商加入 Android 联盟，显著的开放性可以使其拥有更多的开发者。开放性对于 Android 的发展而言，有利于积累人气，这里的人气包括消费者和厂商。而对于消费者来讲，最大的受益正是丰富的软件资源。

2. 挣脱运营商的束缚

在过去很长的一段时间，特别是在欧美地区，手机应用往往受到运营商制约。自 2008 年 iPhone 上市后，用户可以更加方便地连接网络，运营商的制约减少。随着 EDGE、HSDPA 这些 2G 至 3G 移动网络的逐步过渡和提升，手机随意接入网络已不是运营商口中的笑谈。

3. 丰富的硬件选择

这一点还是与 Android 平台的开放性相关，由于 Android 的开放性，众多的厂商会推出千奇百怪、各具功能特色的多种产品。功能上的差异和特色，并不会影响到数据同步、甚至软件的兼容。

4. 不受任何限制的开发商

Android 平台提供给第三方开发商一个十分宽泛、自由的环境，不会受到各种条条框框的阻挠，可想而知，由此将会有多少新颖别致的软件诞生。

5. 无缝结合的 Google 应用

如今“叱咤”互联网的 Google 已经走过 10 年多的历史，从搜索巨人到全面的互联网渗透，Google 服务（如地图、邮件、搜索等）已经成为连接用户和互联网的重要纽带，而 Android 平台手机将无缝结合这些优秀的 Google 服务。

本书具有如下 4 个编写特点。

1. 最新版本

本书搭建了 Android 4.4+Eclipse 的最新开发环境，新版本所具有的功能相对比较完善，能采用最新技术开发最优软件。

2. 结构合理

本书内容从平台的搭建到每一控件的实现，从实际出发，合理安排知识结构，具有较强的知识性和实用性。

3. 实例丰富

书中的实例应用全面，涵盖了 Android 所能触及的领域。实例代码翔实、规范工整，且代码注释得当。

4. 通俗易懂

本书条理清晰、主旨简洁，做到理论与实践相结合，让读者快速理解与掌握 Android 相关应用。

本书的适用人群

如果读者对 Java 语法比较熟悉，并且有一定的事件驱动的程序编程经验，那么阅读本书就可以很快掌握 Android 应用开发。本书不仅适合 Android 应用程序开发人员阅读，更重要的是可作为 Android 初中级开发者参考用书，同时可作为自学人员学习用书，更是一本不可多得的案头必备参考书。

编 者

2014 年 6 月

目　录

第三部分 Android 高级应用 79

第一部分 Android 概览

第 1 章 Android 发展简介

1.1 移动开发技术的发展

随着 3G 时代的到来，智能手机的兴起，带来了一场信息时代的革命。在当今追求时尚的时代，拥有一款智能、高端的手机是大部分人的梦想，并逐渐变的普通。在移动市场上占据主导的操作系统有 Android 和 iOS，这两个操作系统引领着手机系统开发的潮流，吸引了广大开发者争相关注和加入，很多从事其他语言或是相关语言开发的纷纷转行到了这两个操作系统的开发，给手机操作系统带来了前所未有的改革与变化。

1.2 Android 的诞生与发展

Android 对于大多数人来说都不陌生，即使我们没有使用过 Android 手机，但也一定听说过。Google 工程部副总裁 Andy Rubin（安迪·罗宾）就是 Android 之父，伟大的 Android 创始人。首先我们来认识一下 Andy Rubin：

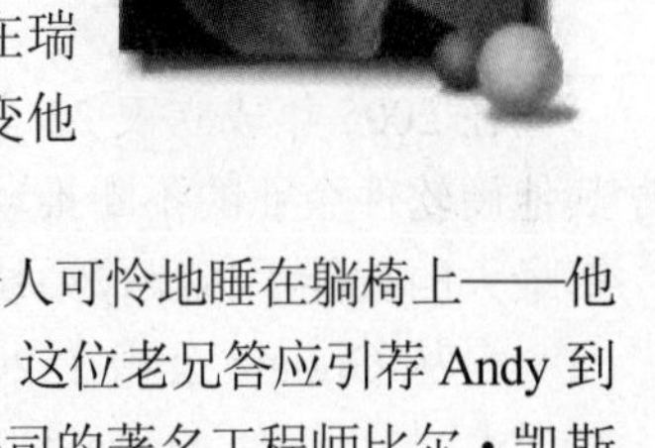

Andy Rubin 1963 年生于纽约州 Chappaqua（查帕奎）镇，父亲是学心理学的，经营一家电子玩具直销公司。销售样品拍照放进销售目录之后，就属于小 Andy 的了，他的房间满是各种最新的电子玩具。反复拆装这些玩具是他最爱做的事情之一。他的 Geek 基因由此种下。

大学毕业后，Rubin 加入以光学仪器知名的卡尔·蔡司公司担任机器人工程师，主要从事数字通信网络方面的工作。后来他还曾经在瑞士一家机器人公司工作，工作得很开心。然而，一个偶然事件改变他的一生。

1989 年，Andy 到开曼群岛旅游，清晨独自在沙滩漫步时遇到一个人可怜地睡在躺椅上——他和女朋友吵架，被赶出了海边别墅。Andy 给他找了住处。作为回报，这位老兄答应引荐 Andy 到自己所在的公司工作。原来，此人是正处在第一个全盛时期的苹果公司的著名工程师比尔·凯斯维尔。

不平凡的硅谷经历让 Andy Rubin 在工程师主导的苹果公司可以说是如鱼得水，桌面系统 Quadra 和历史上第一个软件 Modem 都是他的作品。“Rubin 是那种只要能手中拿着焊枪、写着软件编辑程序就非常满足的人。”苹果公司工程师，Rubin 前同事史蒂芬这样形容他。在苹果的这段日子，他经常以办公室为家，Rubin 笑称，那是他最邋遢的一段日子。有时他也不忘展示一下自己的 Geek 本色：对公司的内部电话系统进行重新编程，伪装 CEO 打电话给人事，指示要给自己组里的工程师同事股票奖励。当然，信息部门免不了来找他的麻烦。

1990 年，苹果的手持设备部门独立出来，成立了 General Magic 公司。两年后，Andy Rubin 认定这个领域一定大有作为，选择加入。在这里，他完全融入到公司的全身心投入的工程师文化中。和同事们在自己的小隔间上方搭起了床，几乎 24 小时吃住在办公室。他们开发的产品是具有突破性意义的基于互联网的手机操作系统和界面 Magic Cap，在市场上也曾经取得短暂的成功，1995 年公司甚至因此上市，而且第一天股票实现了翻番。但是好景不长，这款产品太超前了，运营商的支持完全跟不上，很快被市场判了死刑。

此后，Andy Rubin 又加入了苹果公司员工创办的 Artemis Research，继续吃住在办公室，追逐互联网设备的梦想。这次，他参与开发的产品是交互式互联网电视 Web TV，创造了多项通信专利。产品获得了几十万用户，成功实现盈利，年收入超过一亿美元。1997 年，公司被微软收购。Rubin 也随之加入，雄心勃勃地开始了他的超级机器人项目。他开发的互联网机器人在微软四处游荡，随时记录所看所闻。不料，有一天控制机器人的计算机被黑客入侵，激怒了微软的安全官员。不久，Andy 离开微软，在 Palo Alto 租了一个商店，与他的工程师朋友们继续把玩各种机器人和新设备，构思各种新产品的奇思妙想。这就是 Danger 的前身。

创办 Danger 并担任 CEO 的过程中，Andy 完成了从工程师到管理者的转变。更为重要的是，他和同事一起找到了将移动运营商和手机制造商利益结合起来的模式，这与 iPhone 非常类似。但是，公司的运营并不理想，Andy 接受董事会的决定辞职，并有些失望地离开了公司。Danger 后来被微软收购，2010 年这个部门发布了很酷但是很快失败的产品：Kin 系列手机。

2002 年初，还在 Danger 期间，Andy Rubin 曾在斯坦福大学的工程课上做了一次讲座。听众中出现了 Google 的两位创始人 Larry Page（拉里·佩奇）和 Sergey Brin（塞吉·布林）。互联网手机的理念深深打动了 Page，尤其是他注意到 Danger 产品上默认搜索引擎是 Google。

离开 Danger 后，Andy 曾再次隐居开曼群岛，想开发一款数码相机，但是没有找到支持者。他很快回到熟悉的领域，创办 Android，开始启动下一代智能手机的开发。这次的宗旨，是设计一款对所有软件开发者开放的移动平台。2005 年，Andy 靠自己的积蓄和朋友的支持，艰难地完成了这一项目。在与一家风投洽谈的同时，Andy 突然想到了 Larry Page，于是给后者发了一封邮件。仅仅几周时间，Google 就完成了对 Android 的收购。开启了一段 Android 传奇的书写。

Android 发展简史

在 2005 年成立仅 22 个月的 Android 公司被 Google 公司收购，至今，在 Google 公司以及其他硬软件企业的不断推动下，Android 以其迅猛的发展速度成为了目前比较流行，市场占用率最大的智能手机操作系统。

自从 Google 公司在 2007 年 11 月发布 Android 的第一个版本以来，Android 已经发布了 17 个版本，并对 Android SDK 进行了 16 次升级。而其命名更具有独特性，除了 Android 1.0 及 Android1.1 没有以甜点来命名，其他的主要版本均使用了甜点来命名。

下面介绍一下 Android 系统的进化史，如图 1-1 所示我们不难看出，随着新版本的陆续发布，Android 系统已经比较成熟和稳定，所有应该具备的功能和配置都已经得到基本的完善，同时在应用开发方面，从开发者和应用软件的数量上来看，也逐渐的和 iOS 看齐，致使 Android 在消费市场上成为了主流。接下来我们具体了解一下各个版本的功能。

图 1-1　Android 系统的进化史

1. Android 1.5——纸杯蛋糕（Cupcake）

在 2009 年 4 月 30 日发布的纸杯蛋糕其系统主要的更新在于采用了 WebKit 内核的浏览器，在页面上支持复制、粘贴及搜索的功能，并且系统支持蓝牙耳机的连接（Android SDK 不具有此功能），增加了其使用的方便性。相对于之前的版本主要的更新有：

- 支持立体蓝牙耳机，增加了制动配对性能。
- 支持复制、粘贴和页面搜索的功能。
- GPS 性能得到大大的提高。
- 提供了屏幕虚拟键盘。
- 增加了音乐播放器和相框 Widgets。
- 重力传感器。
- 相机、摄像机功能得到增强，支持将图片、视频上传的功能。
- 来电照片显示。

2. Android 1.6——甜甜圈（Donut）

即 Android 1.5 后四个半月，在 2009 年 9 月 15 日 Google 公司发布了 Android 1.6 版本。主要更新是支持更高的屏幕分辨率，支持 OpenCore2 媒体引擎；支持 CDMA 网络以及优化拍照程序。具体更新内容为：

- 重新设计的 Android Market。
- 支持 CDMA 网络。
- 支持将文本转化成语音的系统，即 Text-to-Speech。
- 提供了快速搜索框，同时可以查看应用程序的耗电情况。
- 支持虚拟专用网络、更高的屏幕分辨率以及 OpenCore2 媒体引擎。
- 增加了针对特殊人群的易用性插件。

3. Android 2.1——松饼（Eclair）

松饼实际上是 Android 2.0、Android 2.0.1 和 Android 2.1 的统称。但由于 Android 2.1 版本的用户群最多且比较稳定，所以松饼就用以指代 Android 2.1。从 Android 2.0 到 Android 2.1 的不断更新换代，使得 Android 得到了很大的完善。该版本优化了对硬件的支持；支持更高的屏幕分辨率；系统界面发生了明显的变化；具体的更新如下：

- 对硬件速度的优化，使运行更加流畅。
- 对用户界面的改良，同时支持动态桌面和动态壁纸。
- 新的浏览器的用户接口，并且支持 HTML5。
- 支持更多的屏幕分辨率，更好的白色/黑色背景比率。
- 支持内置的相机闪光灯、数码变焦以及改进的虚拟键盘。

4. Android 2.2——冻酸奶（Froyo）

在 2010 年 5 月 20 日，Google 公司发布了 Android 2.2 操作系统，与之后的升级版本 Android

2.2.1 统称为冻酸奶。该系统主要是对系统进行了优化，具体如下：

- 整体性能得到大幅度的提升，增加了网络共享和便携式热点功能，同时增加了 App2SD 功能。
- 支持 Flash。
- 全新的软件商店。
- 提供了更多的 WebAPI。

5. Android 2.3——姜饼（Gingerbread）

2010 年 12 月 7 日 Google 公司发布了 Android 2.3，并命名为姜饼，直到 2012 年底 2.3 版本一直拥有很高的占有率。该系统优化了系统界面，使其操作更加流畅，具体更新如下：

- 增加了新的垃圾回收和优化处理事件，新的应用程序管理方式。
- 新的管理窗口和生命周期的框架。
- 支持 VP8 和 WedM 视频格式，提供 AAC 和 AMR 宽频编码，提供了新的音频效果。
- 支持前置摄像头。
- 更快、更直观的文字输入，支持一键文字选择和复制、粘贴。
- 对电源管理系统的改进。

6. Android 3.0——蜂巢（Honeycomb）

在 2011 年 Google 公司开始想平板电脑市场进军，与此同时发布了 Android 3.0、3.1 和 3.2 版本（这三个版本并称为蜂巢），Android 版本的不断更新主要是针对平板设备，使其更好地支持平板，系统更新具体如下：

- 全新设计的 UI，用于增强网页浏览功能。
- 优化的 Gmail 电子邮箱。
- 全面支持 Google Maps。
- 任务管理器可滚动，支持 USB 输入设备。
- 支持 Google TV，可以支持 XBOX 360 无线手柄。
- Widget 更进一步完善，可以更加容易地定制屏幕 Widget 插件。
- 支持 7 英寸设备。
- 引入了应用显示缩放功能。

7. Android 4.0——冰激凌三明治（Ice Cream Sandwich）

该版本发布于 2011 年 10 月 19 日，其系统将手机与平板设备进行整合，拥有全新的 UI 界面和 Linux 内核，支持虚拟按键。具体更新如下：

- 全新的 UI 界面。
- 全新的 Chrome Lite 浏览器，支持离线阅读、标签页、隐身浏览模式等功能。
- 截图功能。
- 更强大的图片编辑功能。
- 自带照片应用堪比 Instagram，可以加滤镜、相框，进行 360 度全景拍摄，照片还能根据地点来排序。
- Gmail 加入手势、离线搜索功能，UI 更强大。
- 新增流量管理工具，可具体查看每个应用产生的流量。
- 正在运行的程序可以像电脑一样进行相互切换。
- 增加了人脸识别功能，同时前置摄像头可以进行面部解锁。

- 系统优化、速度更快。
- 支持虚拟按键，手机可以不再拥有任何按键。
- 更加直观的程序列表。
- 平板电脑的手机通用。
- 支持更大的分辨率。
- 专为双核处理器编写的优化驱动。
- 全新的 Linux 内核。
- 增强的复制粘贴功能。
- 全新的通知栏。
- 更加丰富的数据传输功能。
- 支持更多的传感器。
- 全新的 3D 驱动，游戏支持能力得到提升。
- 全新的 Google 电子市场。
- 增强了桌面插件自定义功能。

8. Android 4.1/4.2——果冻豆（Jelly Bean）

在 2012 年 6 月 28 日，Google 公司发布了 Android 4.1 版本，并在几个月后又发布了 Android 4.2 版本，两版本的代号均为 Jelly Bean。Android 4.1 引入了三重缓冲显示技术，让界面更加流畅，功能方面也有增加。具体更新如下：

- UI 更加流畅。
- 主界面图标自动排列等功能。
- 语音键盘，支持离线语音输入。
- 支持的语言增多。
- 盲文输入器。
- 拍照能力提升。
- 通知中心更加强大。
- 优化搜索。
- 支持 Google Now。
- 为 Google Play 增加新功能。

相对于 Android 4.1，Android 4.2 的改进如下：

- 支持第 2 个屏幕。
- 锁屏 Widget。
- 多用户。
- RTL 布局。
- 增强的 Renderscript。

9. Android 4.4——奇巧（KitKat）

Google 公司在 2013 年 9 月 4 日凌晨发布了最新的 Android 版本，代号 KitKat。除了一些优化外，相对于其他版本它改进功能如下：

- 支持蓝牙 MAP。
- 支持 Chromecast。
- 更加准确、迅速的 Chrome 网页渲染体验。

- 手机丢失后通过 Android Device Manager 寻找或重置手机。
- “应用下载”界面重新设计。
- 更简单的 Home 界面切换方式。
- Email 界面重新设计。
- 底部 Android 按键导航栏可隐藏。
- 支持壁纸预览，支持全屏壁纸。
- HDR+拍照模式。
- 支持红外遥控功能。
- 下拉通知栏快捷操作按钮新增位置设置按钮。
- 位置模式中有精准模式与省电模式可选。
- 低功耗音频播放。
- 锁屏界面调整音频、视频进度条。
- 通过安全增强 Linux 强化应用程序沙箱安全。
- 预置计步器。
- 能够适用于任意运营商的全新 NFC 支付方式。
- 通过软件优化提升触屏响应速度与准确度（Nexus 5 同时进行了硬件优化）。

10. Android 5.0——酸橙派（Lime Pie）

截止到本书撰写时，Android 5.0 还未发表，它将是下一代 Android 操作系统，代号酸橙派（key lime pie）。谷歌在 2013 年 10 月 31 日发布的是 Android 4.4 KitKat，并非是 Android 5.0。根据媒体报道 Android 5.0 将会在 2014 年 6 月 28 号的谷歌 I/O 大会上发布。可能具有的特性如下：

- 碎片化问题得到解决。
- 个人数据无痛迁移。
- 独立的平板生态。
- 优化功能键。
- 开放的接口和统一的风格。
- 64 位处理器和协处理器芯片。
- 照顾低端机。
- 可穿戴设备。

比较目前 Android 各版本的占有率如图 1-2 所示，Android 4.1 和 2.3 仍然占据绝对优势，充分证明了这两个版本在 Android 发展过程中举足轻重的地位。如此看来，Android 的重大更新也是大概 2 年 1 次。因此 2014 年的新 Android 系统也值得期待。

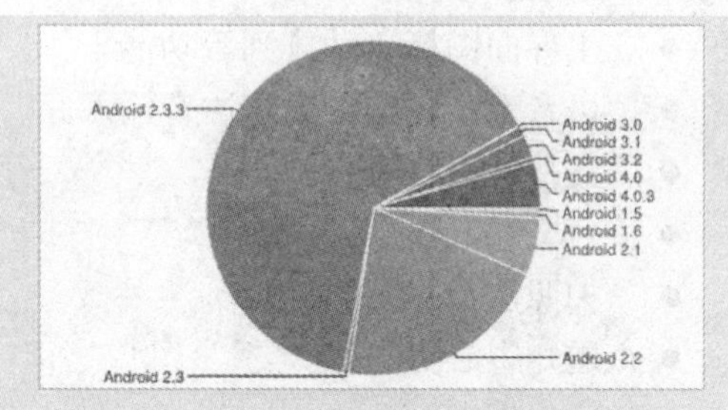

Platform	Codename	API Level	Distribution
Android 1.5	Cupcake	3	0.3%
Android 1.6	Donut	4	0.7%
Android 2.1	Eclair	7	5.5%
Android 2.2	Froyo	8	20.9%
Android 2.3 - Android 2.3.2	Gingerbread	9	0.5%
Android 2.3.3 - Android 2.3.7		10	63.9%
Android 3.0	Honeycomb	11	0.1%
Android 3.1		12	1.0%
Android 3.2		13	2.2%
Android 4.0 - Android 4.0.2	Ice Cream Sandwich	14	0.5%
Android 4.0.3 - Android 4.0.4		15	4.4%

图 1-2 Android 平台市场占有率

1.3　Android 开发平台简介

Android 的中文意思是"机器人"。但在移动领域，大家一定会将 Android 与 Google 联系起来。Android 本身是一个基于 Linux 内核的操作系统，我们可将其理解为该系统是由许多的开源项目组成，也就是说没有开源项目就没有 Android 的系统。简单的理解 Android 系统就是一个完整的操作系统，并且它是一个中间件，而且提供一些关键的应用程序。

Android 作为 Google 公司最具创新的产品之一，正受到越来越多的手机厂商、软件厂商、运营商及个人开发者的追捧。目前 Android 阵营主要包括 HTC、T-Mobile、高通、三星、LG、摩托罗拉、ARM、软银移动、中国移动、华为等。虽然这些企业有着不同的背景，但它们都在 Android 平台的基础上不断更新，让用户体验到最优质的服务。

1.4　Android 的基本体系结构

Android 是 Google 公司为移动设备开发的平台，它是一款开放的软件系统，其系统体系结构如图，自上而下我们可将其分为以下几个层次。

- 应用程序（Application）。
- 应用程序框架（Application Framework）。
- 函数库（Libraries）和 Android 运行时（Android Runtime）。
- Linux 内核（Linux Kernel）。

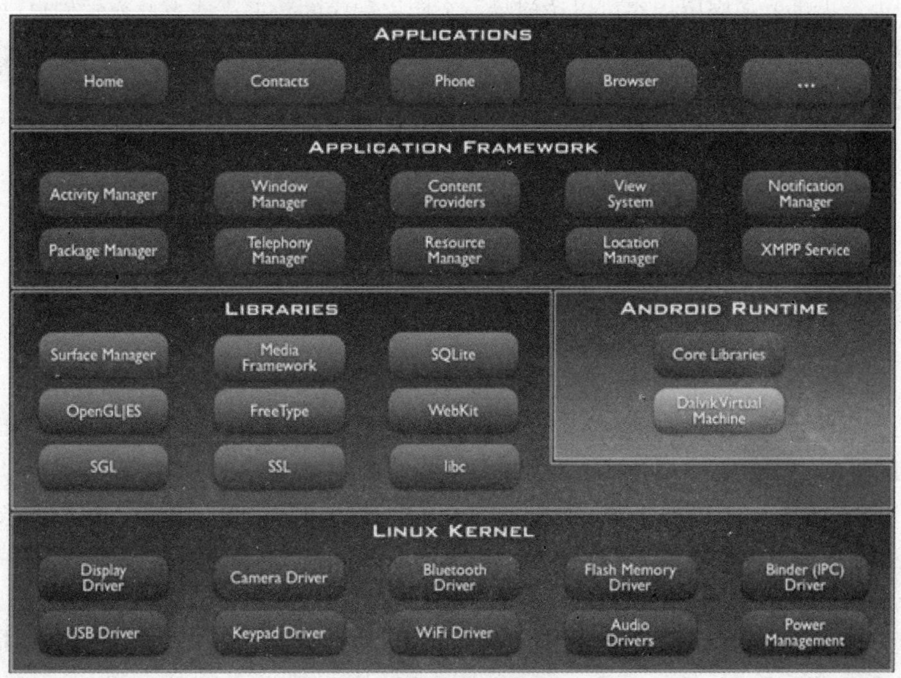

图 1-3　Android 系统的体系结构

Android 之所以被广泛的应用是由于它具有如下的特点：

- 开放性。

- 平等性。
- 无界性。
- 方便性。
- 丰富的硬件选择。

1.4.1 应用程序

应用程序是基于 Java 语言编写的，为使用者提供操作接口，一般是系统自带的应用。使用者直接操作应用程序，实现一定的功能。目前 Android 系统提供了计算机、联系人、电话、浏览器、Email 客户端、SMS 短信息程序、日历、地图等内核应用程序，开发者还可以使用 Android 提供的组件编写满足特定的应用程序。

由用户开发的 Android 应用程序和 Android 内核应用程序是同一层次的，它们都是基于 Android 系统的 API 构建的。

1.4.2 应用程序框架

开发人员可以访问内核应用程序所使用的 API 框架。应用程序体系结构设计简化了组件的重用，任何一个应用程序都可以发布其功能块，并且任何其他的应用程序都可以使用应用程序体系结构所发布的功能块。同样，应用程序重用机制也使使用者可以方便地替换程序组件。隐藏在每个应用后面的是一系列的系统服务，这些系统服务包括：

- 丰富且可扩展的视图，可以用来构建应用程序，这些视图包括列表、网格、文本块、按钮，甚至可嵌入 Web 浏览器。
- 内容提供器使应用程序可以访问另一个应用程序的数据，或者共享它们自己的数据。
- 资源管理器提供非程序代码资源的访问，如本地字符串、图形和布局文件。
- 通知管理器使得应用程序可以在状态列中显示自定义的提示信息。
- 活动管理器用来管理应用程序生命周期并提供常用的导航回退功能。
- 窗口管理器管理所有窗口程序。
- 包管理器管理 Android 系统内的程序。
- 通信管理器管理 Android 系统的通信功能。
- 定位管理器提供 Android 系统的定位等相关服务。

1.4.3 函数库和 Android 的运行

Android 包含一些 C/C++函数库，这些函数库能被 Android 系统中不同的组件使用。它们通过 Android 应用程序框架为开发者服务。这些内核函数库包括：

- libc：标准 C 系统函数库，它是专门为基于 Embedded Linux 的设备定制的。
- Media Framework：基于 PacketVideo OpenCORE，该函数库支持多种常用的音效、视频格式回放和录制，同时支持静态影像文件。
- Surface Manager：显示子系统的管理，并且为多个应用程序提供了 2D 和 3D 图层的无缝融合。
- Webkit：提供 Web 浏览引擎的支持。
- SGL：底层的 2D 图形引擎。
- OpenGL ES：3D 的图形渲染引擎，一般应用在移动平台上较多。

- FreeType：位图和向量字体显示。
- SQLite：是 Android 下的一个嵌入式数据库。一个对于所有应用程序可用、功能强大的轻量级关系型数据库引擎。
- SSL：安全套接层是为网络通信提供安全及数据完整性的一种安全协议。

每一个 Android 的应用程序，在写的时候一般都是 Java 代码，但 Java 代码在运行时都需要一个 Java 虚拟机的运行环境，这就是 Android runtime。我们可以通过这个虚拟机调用 library 里面的一些函数和方法，然后底层的 Linux 提供一些内存管理、安全管理、进程管理、电源管理和硬件驱动的支持。

1.4.4 Linux 内核

Android 系统是基于开源的 Linux 内核进行的开发，并对其进行了包装。针对 Linux 内核 Android 作如下的修改：

- Binder（IPC）Driver：提供高效率的进程间通讯。Android 系统中有很多服务，上层的应用程序经常要取用这些服务。虽然一般的 Linux 系统已经提供了很多 IPC 的方式，但是 Android 几乎重新制作了一套自己的 IPC。Android 文件中解释说，一般 IPC 会造成额外资源花费以及安全问题。
- Power Management：与台式计算机或笔记本电脑不同，手持设备的电源一向相当有限，必须想尽一切办法省电，而又不能影响顺畅的使用体验。Android 在此采取了颇为积极的做法：如果不使用，就关掉。例如，某程序在播放 MP3 音乐，于是此程序需要 CPU 的计算能力，那么系统就得提供。如果与此同时没有执行其他程序，那么 LCD 显示器就可能被关闭，以便省电。一般的 Linux 内核考虑的都是在计算机上做法，所以多数只有进入暂停、休眠等选择，而不会如此细致地控制各个小装置的电源供应。

以上详细介绍了 Android 体系结构情况，读者可以了解了 Android 体系结构的基本情况，为开发 Android 应用程序打下基础。

小结

1. Android 属于 Google 公司。Andy Rubin（安迪•罗宾）就是 Android 之父，伟大的 Android 创始人。

2．本章从宏观的角度向读者介绍了移动开发技术的发展以及 Android 的发展历程。按照命名本书将 Android 的发展分为纸杯蛋糕、甜甜圈、松饼、冻酸奶、姜饼、蜂巢、冰激凌三明治、果冻豆、奇巧和酸橙派。这说明 Android 的发展基本上经历了从丑小鸭到白天鹅的过程。

3．Android 的系统体系结构包括四部分：应用程序、应用程序框架、函数库和 Android 运行时、Linux 内核。

4．Android 系统的优点：开放性、平等性、无界性、方便性和丰富的选择性。

第 2 章　Android 开发环境

2.1　如何配置 Android 开发环境

Google 公司推荐的 Android 开发环境是 Elipse+ADT。除了这两个工具外，还必须安装一些其他的 SDK，并在 Eclipse 中进行设置。建议读者尽可能使用最新版本的 SDK 和开发工具。搭建 Android 开发环境必须的工具和 SDK 如下：

- JDK（java development kit）
- Eclipse
- Android SDK
- ADT
- Android NDK

除了上述的工具外，我们还需要掌握什么呢？是 Linux？尽管 Android 采用 Linux 作为操作系统的内核，但是基于 Android SDK 上的应用全部采用 Java 语言来开发的，并运行在 Dalvik 虚拟机中。所以熟练地掌握 Java 语言是开发 Android 应用的基础。

2.2　支持 Android 开发的操作系统

支持 Android 开发的操作系统有：

- Windows XP 或 Vista
- Mac OS X10.4.8 or later（x86 only）
- Linux（tested on Linux Ubuntu Dapper Drake）

2.3　安装 Java 开发包（JDK）

JDK 原来是 SUN 公司开发的 Java 运行和开发环境，现在属于 Oracle 公司。读者可以在 http://www.oracle.com/technetwork/java/javase/downloads/index.html 下载 JDK 的最新版本，如图 2-1、图 2-2 所示。版本包括：JDK 5 和 JDK6。与此同时我们还必须下载最新版本的 JDK Standard Edition。接下来按照安装向导进行操作即可。

对于图 2-2，选择左上角的“Accept License Agreement”单选按钮即可进入下载选择界面，选择下载相应的平台上的 JDK。对于 Java SE 6 来说，并未直接提供 Mac OS X 下载的安装包，因此使用 Mac OS X 进行 Android 开发的读者需要使用 Mac OS X 本身的更新来安装 JDK。但在 Java SE 7 的下载页面中直接提供了 Mac OS X 平台的 JDK 安装包。读者也可直接下载该文件安装即可。

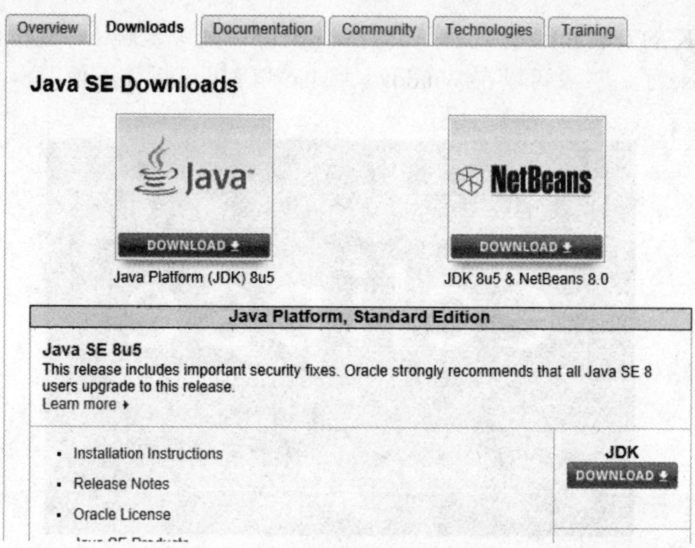

图 2-1　JDK 下载界面

Java SE Development Kit 8u5

You must accept the Oracle Binary Code License Agreement for Java SE to download this software.

○ Accept License Agreement　◉ Decline License Agreement

Product / File Description	File Size	Download
Linux x86	133.58 MB	jdk-8u5-linux-i586.rpm
Linux x86	152.5 MB	jdk-8u5-linux-i586.tar.gz
Linux x64	133.87 MB	jdk-8u5-linux-x64.rpm
Linux x64	151.64 MB	jdk-8u5-linux-x64.tar.gz
Mac OS X x64	207.79 MB	jdk-8u5-macosx-x64.dmg
Solaris SPARC 64-bit (SVR4 package)	135.68 MB	jdk-8u5-solaris-sparcv9.tar.Z
Solaris SPARC 64-bit	95.54 MB	jdk-8u5-solaris-sparcv9.tar.gz
Solaris x64 (SVR4 package)	135.9 MB	jdk-8u5-solaris-x64.tar.Z
Solaris x64	93.19 MB	jdk-8u5-solaris-x64.tar.gz
Windows x86	151.71 MB	jdk-8u5-windows-i586.exe
Windows x64	155.18 MB	jdk-8u5-windows-x64.exe

Java SE Development Kit 8u5 Demos and Samples Downloads

Java SE Development Kit 8u5 Demos and Samples Downloads are released under the Oracle BSD License.

Product / File Description	File Size	Download
Linux x86	52.66 MB	jdk-8u5-linux-i586-demos.rpm
Linux x86	52.65 MB	jdk-8u5-linux-i586-demos.tar.gz
Linux x64	52.72 MB	jdk-8u5-linux-x64-demos.rpm
Linux x64	52.7 MB	jdk-8u5-linux-x64-demos.tar.gz

图 2-2　选择界面

2.4　安装配置 Eclipse 开发环境

多数的开发人员使用当下流行的 Eclipse 集成开发环境进行 Android 的开发，Eclipse 是一款开源的集成开发环境，它能够极大的提高开发应用的效率。最重要的是它提供了丰富的插件来帮助我们开发 Android 应用。我们可以到 http://www.eclipse.org/downloads 下载 Eclipse 的最新版本。完成 JDK 的安装和配置后，只要直接将 Eclipse 压缩包解压，并执行 eclipse.exe 文件就可以运行 Eclipse 了。二者可以在 Windows、Mac 和 Linux 操作下使用。

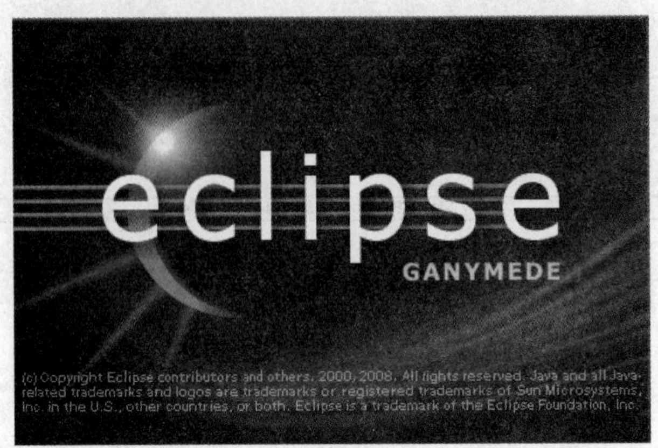

图 2-3 Eclipse 主界面

在不同的操作系统下，Eclipse 的安装有不同的需要，例如在 Windows 操作系统下完整安装 Eclipse 环境需要大约 400MB 磁盘空间，而其压缩需要 175MB。

为了使 Eclipse 更符合自己的要求，还可以对其进行一些配置：

- 改变默认的 Java 编辑器字体
- 显示行号
- 修改 Java 的默认代码格式
- 使 Java 编辑器更智能

2.5 其他开发环境

JetBrains Intellij Idea9.0.4 是一款综合的 Java 编程环境，被许多开发人员和行业专家誉为市场上最好的 IDE。它提供了一系列最实用的工具组合：智能编码辅助和自动控制，支持 J2EE，Ant，JUnit 和 CVS 集成，非平行的编码检查和创新的 GUI 设计器。IDEA 把 Java 开发人员从一些耗时的常规工作中解放出来，显著地提高了开发效率。具有运行更快速，生成更好的代码；持续的重新设计和日常编码变得更加简易，与其它工具的完美集成；很高的性价比等特点。在 4.0 版本中支持 Generics，BEA WebLogic 集成，改良的 CVS 集成以及 GUI 设计器。但是仅有 Eclipse 与 Android SDK 练习最为紧密，我们所选择的开发环境必须完全的支持 JDK5 或 JDK6。

2.6 安装 Android 软件开发包（SDK）

Android SDK 是在线安装的（下载地址http://www.android.com），进入网站后会显示如图 2-4 的界面，我们可以看到 Android 的最新版本并可单击了解。单击 Android SDK 选项，弹出图 2-5 的界面，直接单击下载 SDK（默认的是 Windows 32 下的开发包），再单击按钮的同时我们也将 ADT 下载完成，ADT（Android develop tools）它是主要针对 Android 开发的插件，即打包好的工具集。

图 2-4　网站界面

Get the Android SDK
The Android SDK provides you the API libraries and developer tools necessary to build, test, and debug apps for Android.
If you're a new Android developer, we recommend you download the ADT Bundle to quickly start developing apps. It includes the essential Android SDK components and a version of the Eclipse IDE with built-in ADT (Android Developer Tools) to streamline your Android app development.
With a single download, the ADT Bundle includes everything you need to begin developing apps:
• Eclipse + ADT plugin
• Android SDK Tools
• Android Platform-tools
• The latest Android platform
• The latest Android system image for the emulator
Android Studio Early Access Preview
A new Android development environment called Android Studio, based on IntelliJ IDEA, is now available as an early access preview. For more information, see Getting Started with Android Studio.

Download the SDK
ADT Bundle for Windows

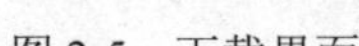

图 2-5　下载界面

在图 2-4 下载界面中，我们需要注意最下面的一段话，介绍最新版本的开发环境叫做 Android Studio，它不是基于 Linux 的，而是基于 IntellJ IDEA。但现在由于代码的格式化、预览的支持还不是特别的稳定，所以还没有普及，可以试用一下。安装 SDK 时我们可以看到所有从网上直接下载的安装包实际上是一个空壳，下载后在 Android SDK 安装目录有一个 SDK Manager.exe 文件，它用来帮助我们下载不同版本的 SDK。我们需要哪个版本直接选择单击下载即可，界面如图 2-4 所示。

界面主要包括三部分：一部分是从 Google 公司的官网上获取 Android SDK 目前支持的 Android 版本安装包列表，另一部分 Tools 是 SDK 所需要开发的工具，还有 Extras 是可用扩展工具因此在启动该程序之前需要有快速和稳定的 Internet 链接。读者可以从这个列表中选择相应的 Android 版本。然后单击界面右下方的 Install packages 按钮进行安装，安装过程仍然需要链接 Internet，如图 2-5 所示。

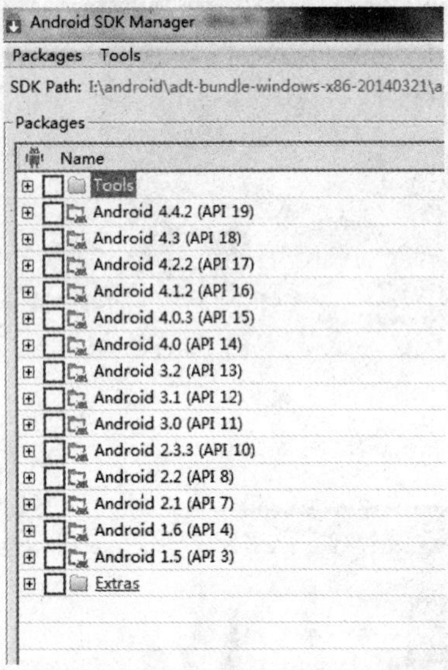

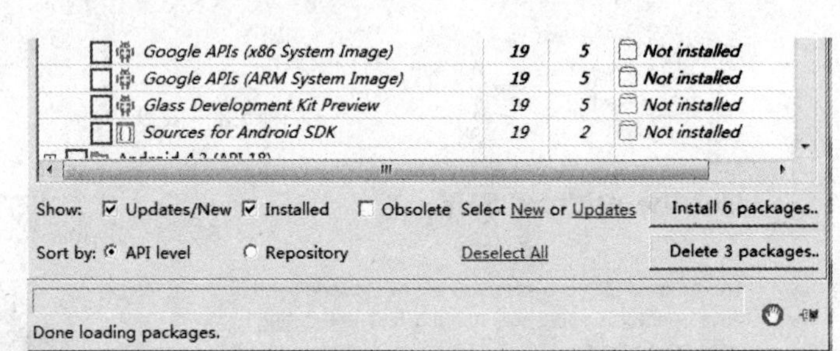

图 2-6 SDK 主界面

图 2-7 选择安装界面

然后选中 Accept，单击 Install 安装。最后选择安装一个 Android 版本。这里需要读者注意的是，在下载过程中，由于我国的国情，Google 的网站链接是间断性的，所以会导致我们的下载失败，为了避免这样的事情发生，我们需要打开 SDKManager，单击 Tools→options，会出现如图 2-8 所示的界面，我们只需选中 Force http：//…sources to be fetched using http://...这样我们选中的资源就可以下载了。

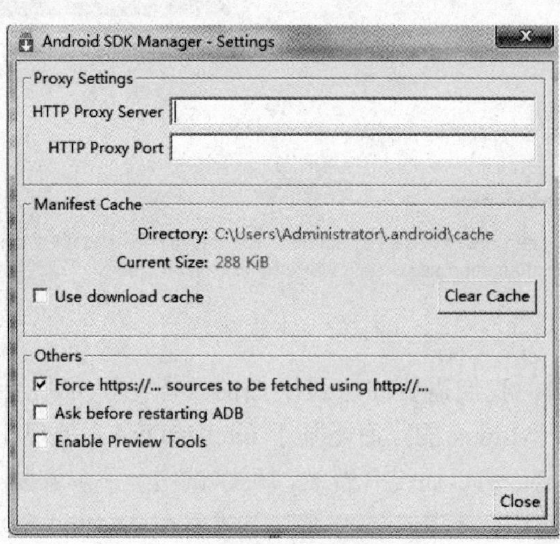

图 2-8 option 界面

若需安装的 Package 较多，则在线安装时间会比较长。为避免浪费更多的时间，读者可以从其他的机器上复制已经安装好的 Android SDK 到自己的机器上。建议在安装完本机器后可将其备份，以备不时之需。

2.7　安装与配置 Android Eclipse 插件（ADT）

ADT 是 Google 为 Android 开发者提供的 Eclipse 插件。我们可以从下面的网站地址获取在线安装 ADT 的 URL 或离线安装 ADT 的安装包下载地址。

http://androidappdocs.appspot.com/sdk/eclipse-adt.html

安装步骤如下：

如果在线安装 ADT，需要单击 help 按钮，如图 2-9 所示。然后单击 Install New Software 菜单项，打开 Install newsoftware 对话框，如图 2-10 所示。

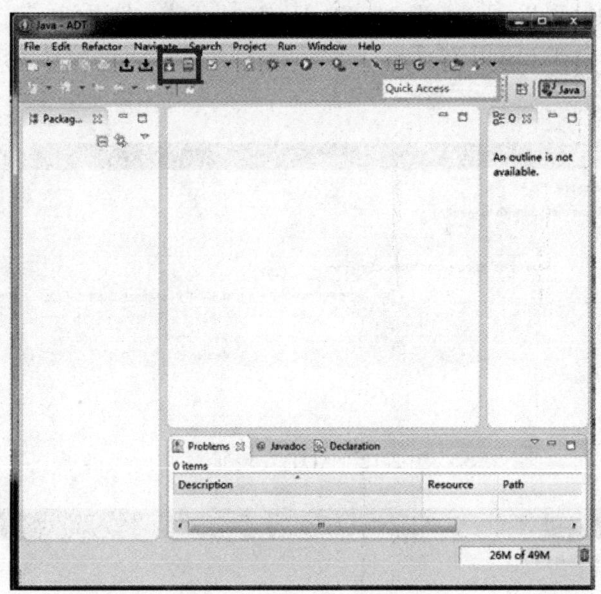

图 2-9　Java-ADT 界面

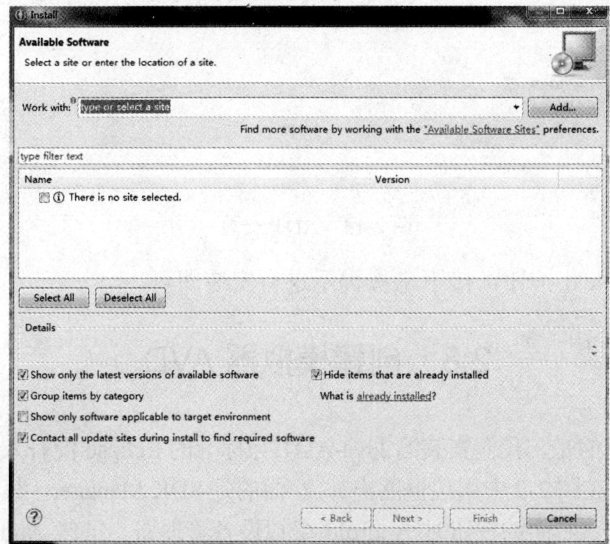

图 2-10　Install 界面

单击右侧的 Add 按钮弹出 Add Repository 对话框，如图 2-11 所示。

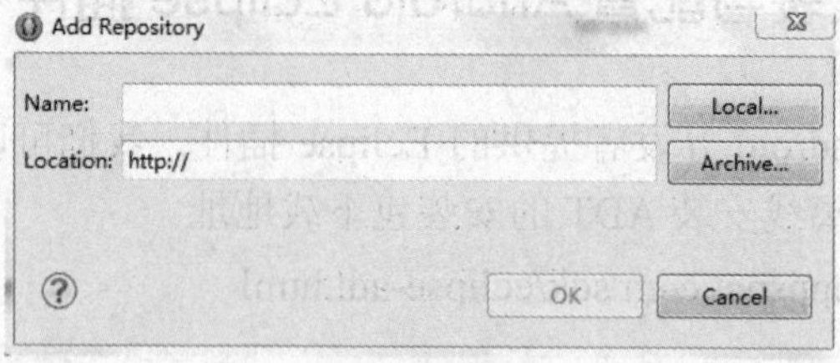

图 2-11 Add Repository

在 Name 文本框中输入 ADT（或其他与系统已有名字不重复的），在 Location 文本框中输入如下网站地址：Http://dl-ssl.google.com/android/eclipse/。然后单击 OK 按钮关闭 Add Repository 对话框，就会在 Install 对话框（如图 2-12 所示）显示 ADT 包含的安装列表，展开后如图 2-13 所示。

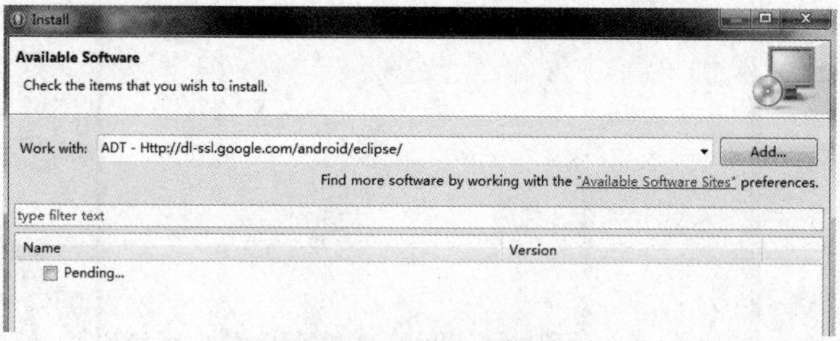

图 2-12 ADT 安装列表

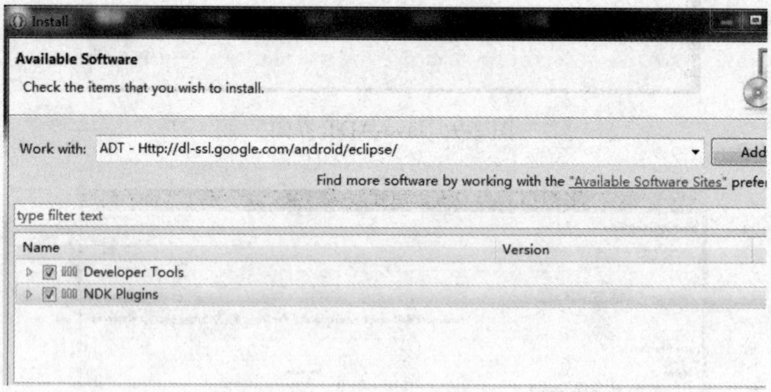

图 2-13 ADT 安装

选中后然后单击 Next 按钮，接下来按提示进行安装即可。

2.8 创建模拟器 AVD

这里我们需要注意的是，我们安装的 Java-ADT 与标准的 Eclipse 没有太大的区别，唯一不同的就是多了两个按钮（在图 2-9 中用边框圈出）。左面的是 SDK Manager，其实与我们所下载的文件夹中所带的是一样的。右面的按钮时 Android 虚拟设备管理器。虽然 Android 设备多种多样，但是它的分辨率是有要求的，我们可以单击设备虚拟管理器进行查看，如图 2-14 所示。

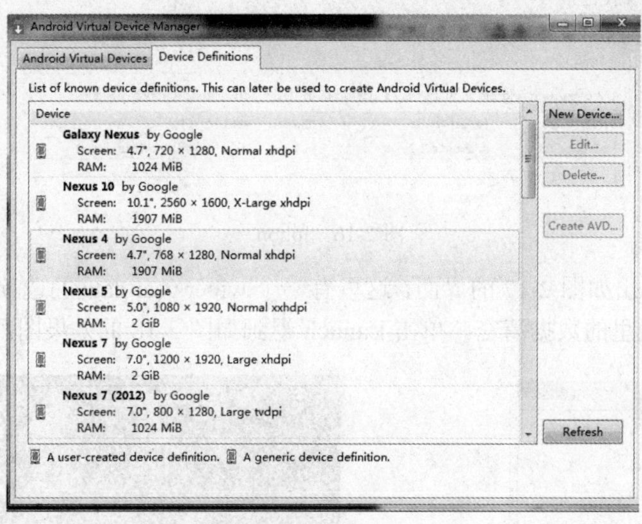

图 2-14　虚拟设备管理器

我们需要了解以下一些市面上主流的分辨率，例如：

- VGA：480*640
- QVGA：240*320
- HVGA：320*480
- WVGA：480*800
- FWVGA：480*854

Android 的发展趋势是屏幕越做越大，但是当我们创建一个设备的时候，需要考虑以下电脑的配置问题，配置比较低时建议大家选择分辨率较低的模拟器，否则运行速度会非常的慢。这里我们以 HVGA 为例创建，选择分辨率后，按 Create AVD 会弹出图 2-15 的空白界面，填写的信息和选择的属性如图所示，然后单击 OK 键，模拟设备创建成功，回到 Device Manager 界面，我们发现在 Android virtual devices 中多了一个 iphon 设备如图 2-16 所示。

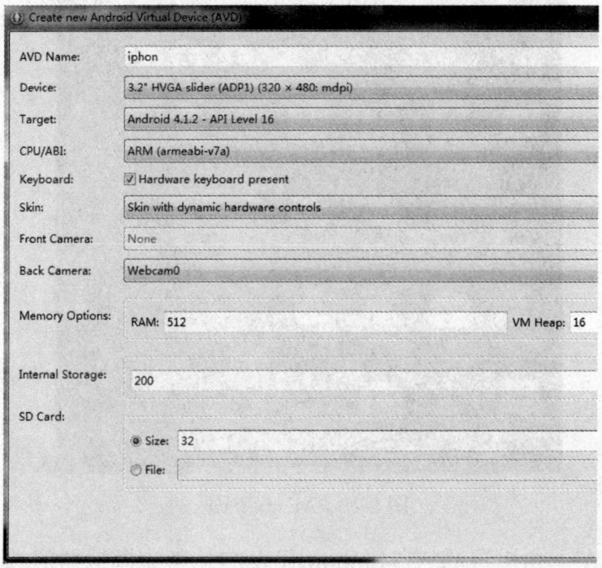

图 2-15　创建模拟设备

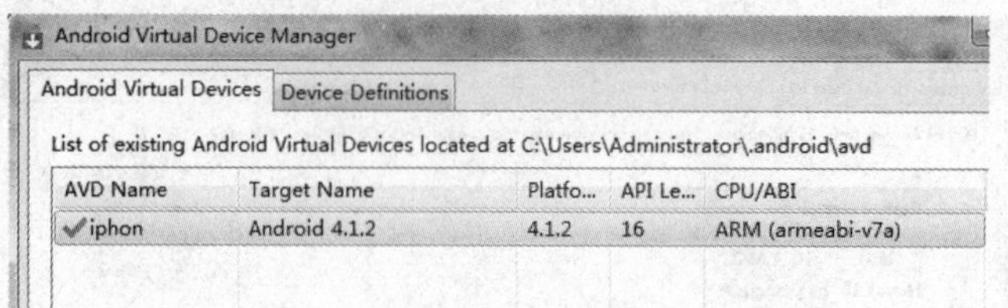

图 2-16 iphon

开启设备后，弹出如图 2-17 的界面，这里有一个 wiper user data 的选项，建议读者不要选择，因为它会将手机里的数据清空。单击 Lanuch 得到如图 2-18 的效果图。

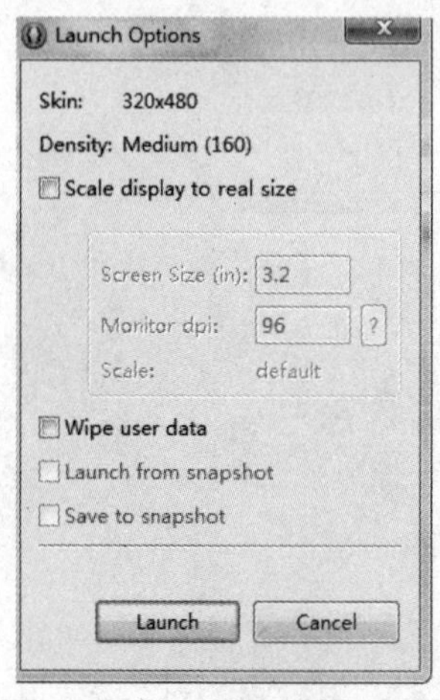

图 2-17 Launch Options

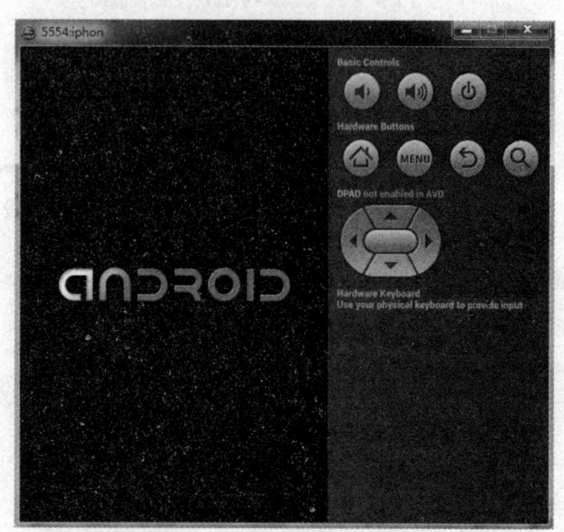

图 2-18 模拟器界面

由于我们选用的是 ARM。所以开机时间比较长，大约 1～2 分钟，开机后，我们可以看到这个模拟器与我们的手机不仅界面是一样的，所实现的功能也是相同的，如图 2-19 所示。到此我们的模拟设备创建完成。

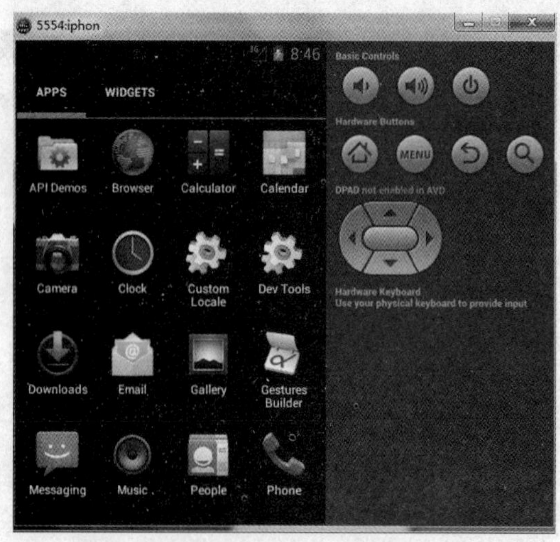

图 2-19 Menu 界面

在图 2-18 所示的左上角出现的 5554:iphon 代表的是当前模拟器的端口号。介绍完模拟器的创建。现在我们回到 Java-ADT 界面，在右侧一般会出现 DDMOS 的按钮，它的界面如图

2-20 所示。如果你安装的 ADT 中默认没有 DDMS，可以单击图中右侧绿色标记的按钮，选择 DDMS 添加即可。DDMS 由 2 个界面组成，每个界面又包括一下的一些属性：

- Name：当前 Eclipse 上所开启的模拟器。
- Threads：用来监视进程里面的线程。
- Heap：观察应用程序的堆栈信息。
- Emulator Control：对模拟器进行一些设置，例如打电话、发短信和位置发送等。
- Network Statistics：网络连接状况。
- File Explorer：文件管理器，主要显示 Android。
- System information：显示系统信息。

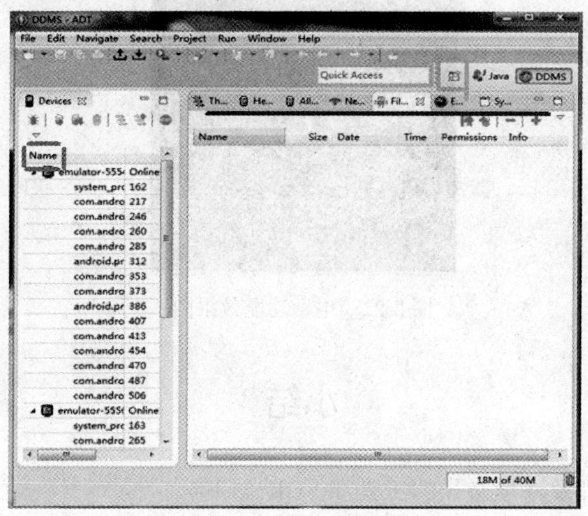

图 2-20　DDMS 界面

下面我们对 Emulator Control 进行一下演示它的界面如图 2-21 所示，speed 是改变模拟器的速度，当选择不同时，模拟器信号处的字母也会不同。

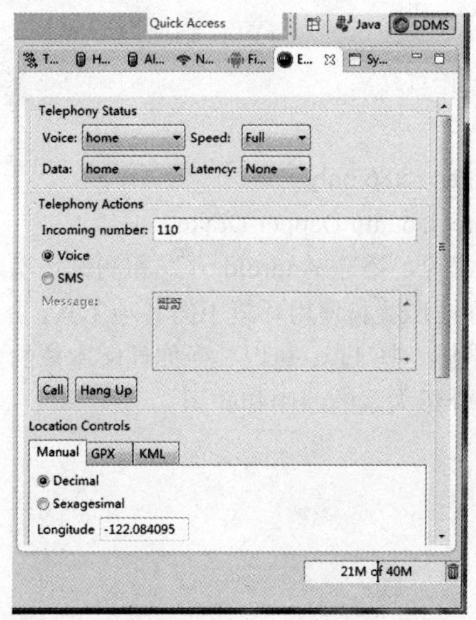

图 2-21　Emulator Control 界面

当我们选择 iphon 时，在号码处输入 110，按 call 键。iphon 的模拟器显示如图 2-22 所示，Hang Up 结束通话。我们也可建立多个模拟器，实现它们之间的通讯功能，每个模拟器的电话号码就是该模拟器的端口号。在实现短信功能时，需要注意的是文本输入不支持中文。

图 2-22　电话功能效果图

小结

1．搭建 Android 开发环境必须的工具和 SDK 如下：

- JDK（java development kit）
- Eclipse
- Android SDK
- ADT
- Android NDK

2．支持 android 开发的操作系统有：

- Windows XP 或 Vista
- Mac OS X10.4.8 or later（x86 only）
- Linux（tested on Linux Ubuntu Dapper Drake）

3．对于 Android 初学者来说，搭建 Android 开发和测试环境是必须要经历的一关，因为只有在真实的环境中才能更好地理解和使用环境中的各项工具，并且积累各种开发技巧。若想更好的理解本章知识，需要掌握一些 Java 知识，当你理解本章的内容后，就说明已经踏进了 Android 的大门，接下来将会介绍大量的示例和知识。

第 3 章　如何编写一个 Android 应用小程序

3.1　测试开发环境

测试开发环境最好的办法就是导入一个现成的 Android 应用程序并运行它。首先，把 Android 软件开发工具包所提供的示例教程导入到 Eclipse 环境中，并在模拟器下运行。然后编写应用程序，并在模拟器和真机下使用。尽管在 Android 模拟器中可以测试大多数 Android 应用程序，但无论是在模拟器中运行还是将 APK 安装到 Android 模拟器上速度都会非常的慢，并且最糟糕的是根本无法测试使用蓝牙、传感器等技术的程序，所以一般情况下建议使用真机进行测试。

从手机游戏产生以来，像贪吃蛇、俄罗斯方块等经典游戏深受大家的欢迎，这里我们以贪吃蛇为例，熟悉项目开发的完整过程，步骤如下：

（1）在 Eclipse 工程中导入 Snake 应用程序。

（2）为 Snake 工程创建 Android 虚拟设备。

（3）为 Snake 工程创建运行配置参数。

（4）在 Android 模拟器中运行 Snake 应用程序。

游戏设计的处理流程图如下：

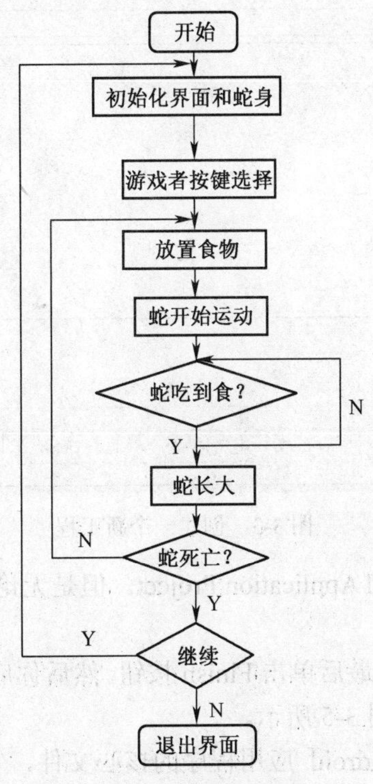

图 3-1　游戏流程图

3.1.1 在 Eclipse 工程中导入 Snake 应用程序

我们需要做的第一件事情是在 Eclipse 工作空间中导入 Snake 工程。步骤如下：

（1）在 Eclipse 环境中显示的标题和在操作系统中显示的文件目录都取决于我们为工程所取得名字，这里我们命名为 MyFirstAndroidApp。而创建的方法有两种，最简单的方法是单击 File→New→Android Application Project 命令，如图 3-2 所示。

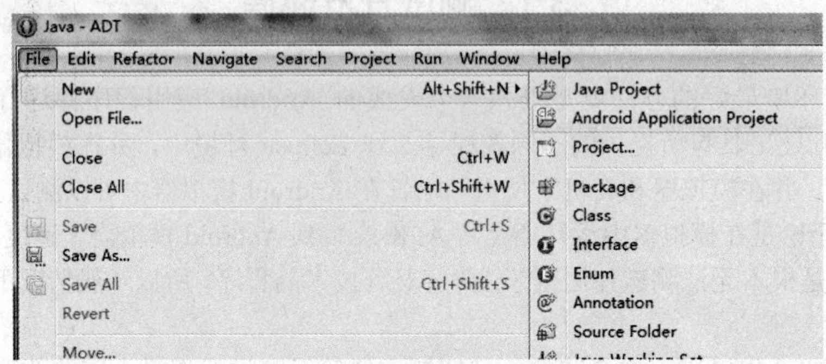

图 3-2 创建工程

第二种方法是选择图 3-2 中 Project 的选项，提示如图 3-3 所示的界面。

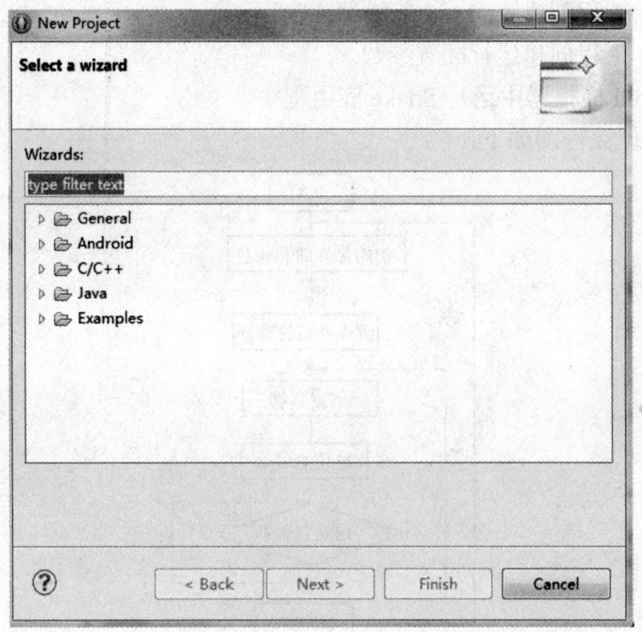

图 3-3 创建一个新工程

我们选择 Android→Android Application Project。但是无论选择哪种方式都会弹出如图 3-4 所示的界面。

（2）按照向导的提示运行，最后单击 Finish 按钮。然后你应该能够在工作区域（workspace）中看见 Snake 工程文件了，如图 3-5 所示。

这里我们需要了解一下 Android 应用程序的核心文件，它用于定义应用程序的功能，表 3-1 的文件均是应用程序默认创建的。

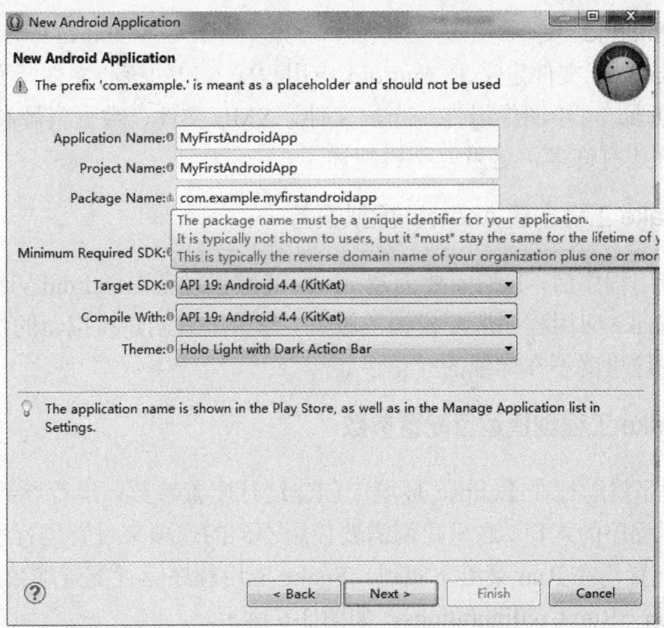

图 3-4　工程命名

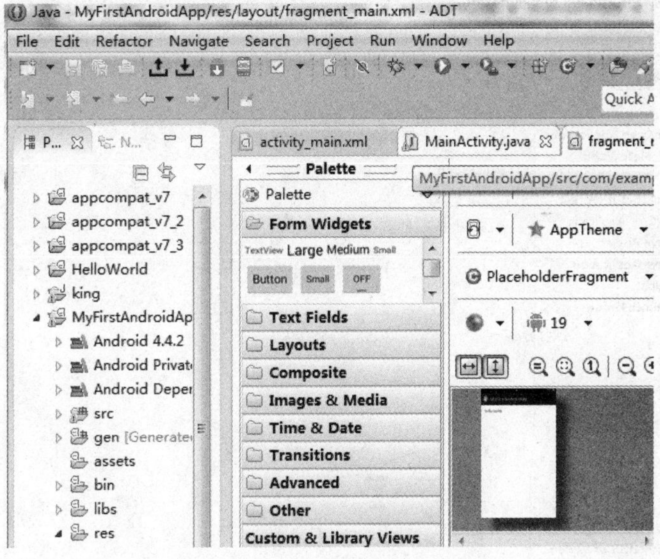

图 3-5　工程创建完成

表 3-1　Android 文件及其功能

Android 文件	功能描述
AndroidManifest.xml	全局应用程序描述文件。定义应用程序的能力和权限
Default.properties	自动创建的工程文件。定义应用程序的构建目以及所需的构建选项
Scr 文件夹	应用程序源代码所在的文件
gen 文件夹	应用程序自动生成的资源文件所在的文件夹
res 文件夹	所有应用程序资源所在的文件夹

表格中的 Android 文件都是必须的，其中 src/com.androidbook.myfirstandroidapp/MyFirstAndroidApp.java 文件定义了 Android 应用程序入口的核心文件。而 res 文件夹中的应用程序资源包括动画、可绘图像组件、布局文件、XML 文件、数据资源和原始文件等。组成 Eclipse 工程的文件还有许多，这里就不再阐述了。

3.1.2 为 Snake 工程创建 Android 虚拟设备

导入 Snake 应用程序后，我们需要创建 Android 虚拟设备（Android Virtual Device，AVD），它描述用于运行 Snake 应用程序所要模拟的设备。与第 1 章创建模拟器的步骤相同，只需把命名修改一下即可，这里就不在详细的介绍了。

3.1.3 为 Snake 工程创建运行配置参数

Snake 应用程序将运行在 Eclipse 环境中创建运行配置参数，运行参数用于设置所使用的模拟器选项和应用程序的入口。这里我们需要使用不同的选项来设置运行参数和调试参数，在 Eclipse 中，这些配置均在 Run 菜单下实现，Snake 应用程序运行配置参数所需的步骤包括：

（1）选择 Run→Run Configurations，如图 3-6 所示。

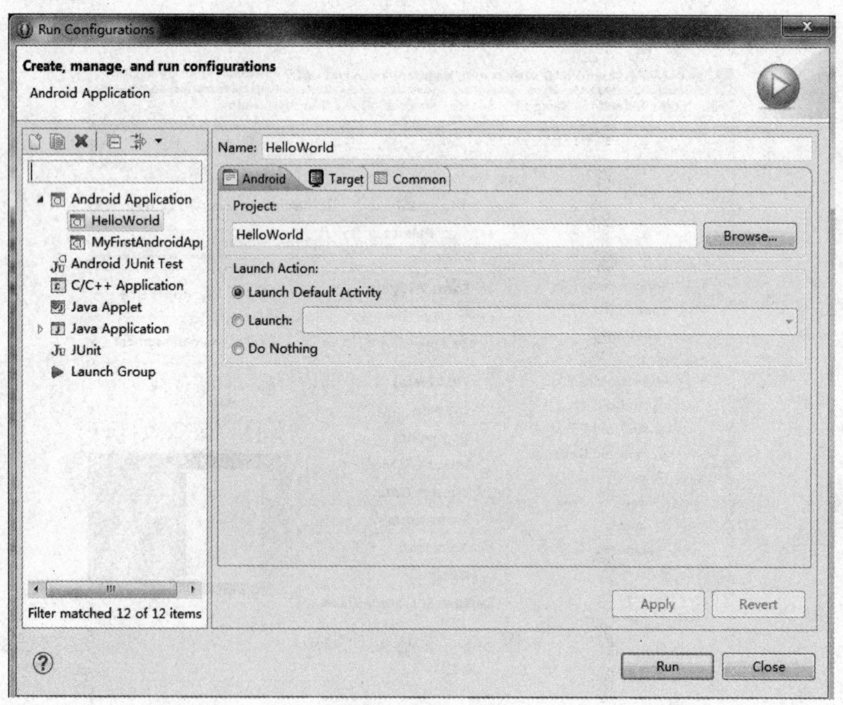

图 3-6 参数配置

（2）双击 Android Application，就会在左侧 Android Application 目录下出现一个 New_configuration 新目录，如图 3-7 所示。

（3）将运行配置命名为 SnakeRunConfiguration。

（4）切换至 Target 标签，如图 3-8 所示选择 Automatically……选择你所创建的一个模拟器。

（5）单击 Apply 按钮，后单击 Close 按钮。这样应用程序的运行参数就配置好了。

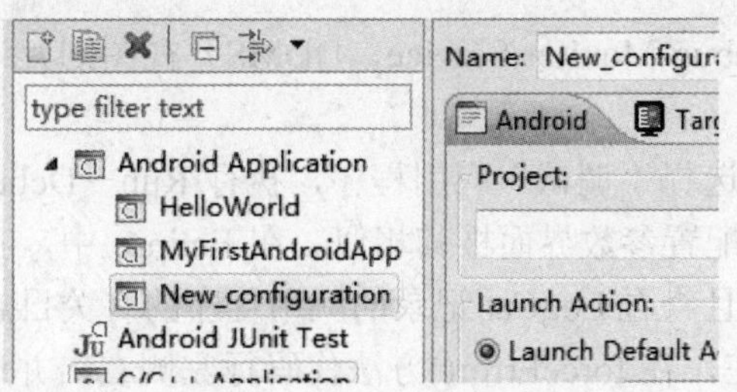

图 3-7　新目录创建完成

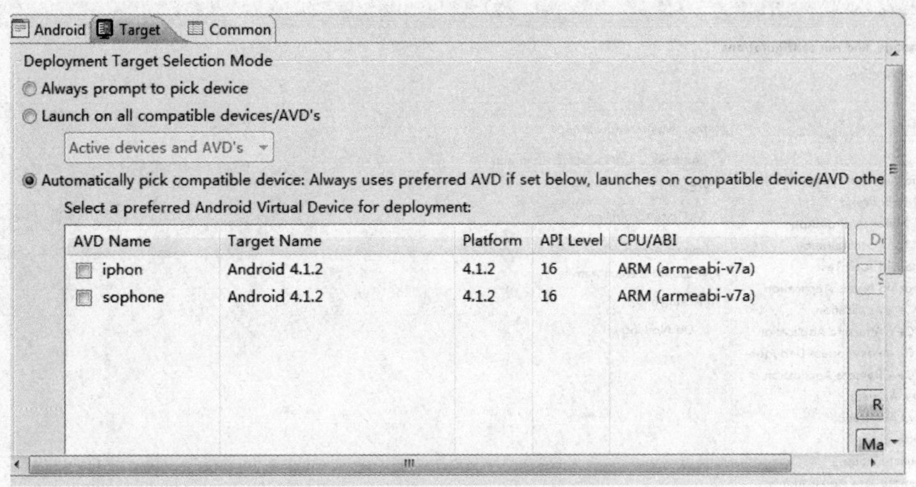

图 3-8　Target 标签

另外，可以在 Target 和 Common 标签中设置其他的选项，但是通常使用默认设置。

3.1.4　在 Android 模拟器中运行 Snake 应用程序

在创建好模拟器，配置好参数后，现在我们可以运行应用程序了。具体操作步骤如下：

（1）单击工具栏下拉菜单中的 Run As 图标。

（2）在出现的列表中选择你刚刚创建的 SnakeRunConfiguration。

（3）启动 Android 模拟器（注：此刻不能连接 USB 设备）。

（4）单击 Menu 按钮解锁模拟器。

（5）单击模拟器中的 Home 按钮终止应用层序。

（6）将 Drawer 拉起来，这样就可以看见所有已经安装的应用程序，其中就包括 SnakeRunConfiguration。

（7）单击 SnakeRunConfiguration 应用程序启动，然后我们就可以开始在手机上玩游戏了。

3.2　在模拟器中调试 Android 应用程序

当程序运行完成后，我们需要对其在模拟器中进行调试。Eclipse 拥有针对代码编写和调试的不同视图。你可以通过选择 Eclipse 环境右上角的适当名称来进行视图间的切换。Java 视图安排了合适的面板以进行代码编写和工程内部导航。调试（Debug）视图允许你设置断点（我们也可以在代码的左侧直接双击添加断点），查看 LogCat 记录的信息，并且进行调试。Dalvik

调试监视服务（Dalvik Debug Monitor Service，DDMS）视图则允许你监视及操控模拟器和设备的状态。

现在我们开始调试，选择“调试”应用程序，执行 Run→Debug Configurations 命令，如图 3-9 所示，调试界面与配置参数界面极其相似。在 Eclipse 中，我们使用调试视图来设置程序断点、单步执行代码并且查看 LogCat 记录的应用程序的有关日志信息。回到模拟器中，单击 Force Close 按钮。现在，在 forceError()方法代码行左侧右击并选择 Toggle Breakpoint（或者按下 Ctrl+Shift+B 组合键）以设置一个断点。

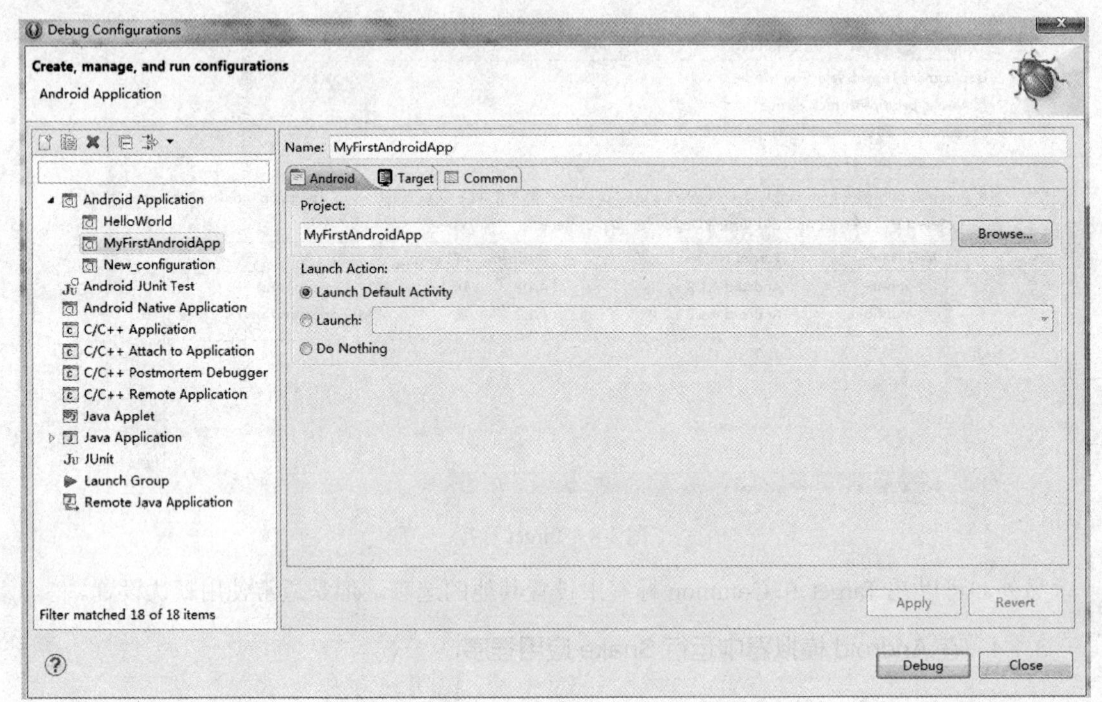

图 3-9 调试

3.3 在硬件上调试应用程序

现在把应用程序安装到真正的设备上进行调试，首先需要在 AndroidManifest.xml 文件中将你的应用程序注册为 Debuggable，按照以下步骤进行该项操作。

① 双击 AndroidManifest.xml 文件。

② 切换至 Application 标签页。

③ 将 Debuggable Appliation Attribute 属性设为 True。

④ 保存文件。

当然我们也可以直接修改 Android:debuggable 属性来更改 AndroidMainfest.XML 文件的 application 元素。其实在真实设备和在模拟器上的调试过程大致相同，但也会有少许例外。比如，你无法使用模拟器控件来发送中文短消息或者获取当前所在位置信息，即使尽管我们在创建两个模拟器的前提下可以进行互相通话，但是我们却听不见任何声音。但这些情况却可以在真实设备上实现操作。

小结

1．贪吃蛇项目开发过程

- 在 Eclipse 工程中导入 Snake 应用程序。
- 为 Snake 工程创建 Android 虚拟设备。
- 为 Snake 工程创建运行配置参数。
- 在 Android 模拟器中运行 Snake 应用程序。

这里需要我们记住每一步的具体实现过程、具体操作，这样有助于以后的项目开发。

2．

Android 文件	功能描述
AndroidManifest.xml	全局应用程序描述文件。定义应用程序的能力和权限
Default.properties	自动创建的工程文件。定义应用程序的构建目以及所需的构建选项
Scr 文件夹	应用程序源代码所在的文件
gen 文件夹	应用程序自动生成的资源文件所在的文件夹
res 文件夹	所有应用程序资源所在的文件夹

3．通过本章节的学习，我们需要对 Android 开发界面中的一些按钮进行学习，记住它们的功能和运行时具体的操作步骤。

本章讲解了如何创建你的第一个 Android 应用程序。从使用一个 Android SDK 中提供的示例程序测试开发环境出发，然后使用 Android 的 Eclipse 插件，完全自主地创建了一个崭新的应用程序。同时，还可学习到如何快速地对程序进行改动。

第二部分　Android 应用程序设计

第 4 章　Android 界面基本控件

4.1　Android 视图、Widget 和布局简介

4.1.1　Android 视图简介

在 Android 应用程序中，显示接口部分要用到各种各样的视图控件，比如 Button、TextView 等，它们都是 View 类的子类，所以它们在具备各自特征的同时又拥有很多共同的属性。一个视图控件在屏幕上占据一块矩形区域，它负责管理这块矩形区域的显示，处理这块矩形区域上发生的事件，并管理这块区域是否可以被单击或获取焦点等。

4.1.2　Android Widget 简介

Android SDK 包含一个名为 android.widget 的 Java 包。当我们提及 widget 时，通常指该包中的某个类。Widget 涵盖 android SDK 中几乎所有可绘制到屏幕上的东西，例如 ImageView、FrameLayout、EditText 和 Button 对象。

4.1.3　Android 布局简介

View 可以放在 ViewGroup 容器中，由 ViewGroup 进行布局管理。ViewGroup 的实现类较多，在这里介绍最常用的两个实现类：LinearLayout 和 RelativeLayout。LinearLayout 是一种线性布局，可以进行水平或数值方向布局（其中设置 vertical 表示竖直布局，horizontal 表示水平布局）。RelativeLayout 是相对布局，它根据整个容器或其他 View 控件来确定自己的相对位置。

4.2　使用 TextView 显示文本

文本框（TextView）直接继承了 View，它可以向用户展现文本信息，我们可以设置该文本信息是否能编辑。

1. TextView 基本使用

方法 1：在程序中创建 TextView 对象

```
TextView tv=new TextView(this);
tv.setText("hello");
setContentView(tv);
```

方法 2：在 XML 文件中布局使用

```
<TextView
android:id="@+id/myTextView"
android:layout_width="fill_parent"
android:layout_height="wrap_content"
android:text="你好"
/>
```

2. TextView 属性设置字体大小

设置字体大小推荐使用 sp 作为单位，设置宽度或高度等属性时推荐使用 dp(dip)作为单位。

```
android:textSize="20sp"
```

3. 设置超链

android:autoLink 设置是否为文本 URL 链接/email/电话号码/map 时，文本显示为可单击的链接。

```
android:autoLink="phone"
```

4. 设置字体颜色

```
android:textColor="#00FF00"
```

5. 跑马灯效果

android:ellipsize 设置文字过长时，该控件是如何显示的呢？

start—省略号显示在开头

end—省略号显示在结尾

middle—省略号显示在中间

marquee—以跑马灯的方式显示

```
<!--无数次的跑动-->
android:marqueeRepeatLimit="marquee_forever"
<!--触摸时获得焦点-->
android:focuseableTouchMode="true"
<!-- 单行显示-->
android:singleLine="true"
```

TextView 控件功能单一使用起来很简单，一般用在需要显示信息的时候。它不能输入信息，只能在初始设定或者在程序运行期间修改，如果需要在程序中动态地修改 TextView 中的值，就需要使用其 Android:id 的值获取该控件并调用 TextView.setText()方法设置需要显示的信息。

4.2.1　配置布局和尺寸

TextView 对象拥有控制文字显示和排列的专属属性。例如我们可以将 TextView 的高度设置为单行，宽度设置成固定的。这样如果我们输入一个字符串放到这个对象中，将被截断，但是我们可以通过设置其他的属性避免这一现象的出现。

TextView 的宽度是由单位 em 控制的，而高度则是由指定文本的行数设置的。二者均未使用像素，而且也不用关注字体的尺寸，但均能很好的控制文本的大小。下例包含了两种尺寸属性。

```
<TextView
    android:id="@+id/TextView04"
    android:layout_width="wrap_content"
    android:layout_height="wrap_content"
```

```
android:lines="3"
android:ems="10"
android:text="@string/autolink_test"/>
```

4.2.2 在文本中创建上下文链接

若文本中包含 Email 地址、网络连接或地址，我们需要使用 autoLink 属性。autoLink 属性拥有 4 个值，分别是 web、email、phone 和 map。这些属性值将在应用程序中对这些类型的值创建标准的网页风格的链接。

- Web：使 URL 连接到网页
- Email：使 Email 地址链接到邮件客户端
- Phone：使电话号码链接到拨号程序，自动输入号码
- Map：使地址与地图应用程序相链接以显示对应的位置

4.3 使用 EditText 和 Spinner 获取用户文本

EditText 是接受用户输入信息的最重要控件，用来输入和编辑字符串，是 TextView 的子类。通过前面课程的学习，我们学习了利用 EditText.getText()获取它的文本，但真正的项目中，可能没那么简单，需要更多的限制，如文本长度限制，是否数字限制等。

鉴于手机屏幕尺寸有限，您可能总想着如何节约控件。在每个用户需要填写内容的文本框的左边加上标题在 PC 上是一种优雅的方法，但在手机上就会显的浪费，Demo 程序中实现了利用一个 EditText 达到所有的效果。

```
<!-- 用户名输入 -->
<EditText
    android:id="@+id/userNameEdit"
    android:layout_below="@id/userNameHint"
    android:layout_width="fill_parent"
    android:layout_height="wrap_content"
    android:inputType="textPersonName" />
```

Spinner 是一种能够从多个选项中选一个选项的控件，使用浮动菜单为用户提供选择，类似于桌面程序的组合框（ComboBox），如图 4-1 所示。

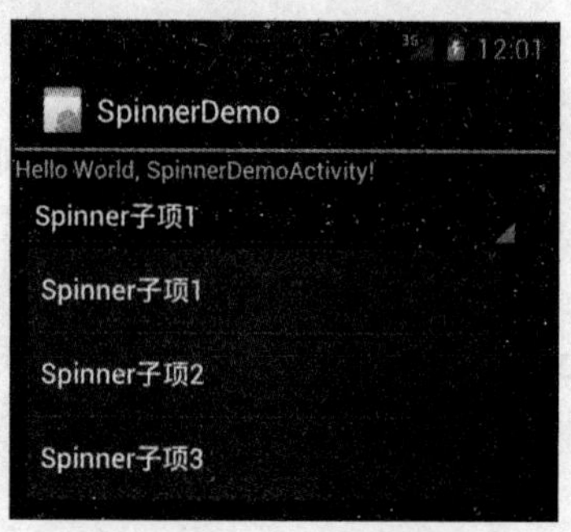

图 4-1 Spinner 框

例如：提供一个地址选择，如图 4-2、图 4-3 所示。我们可以对爱好、性别和地址进行选择。

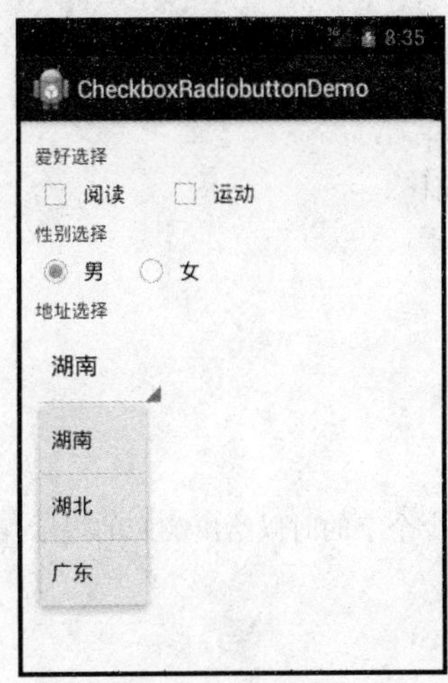

图 4-2　选择框架

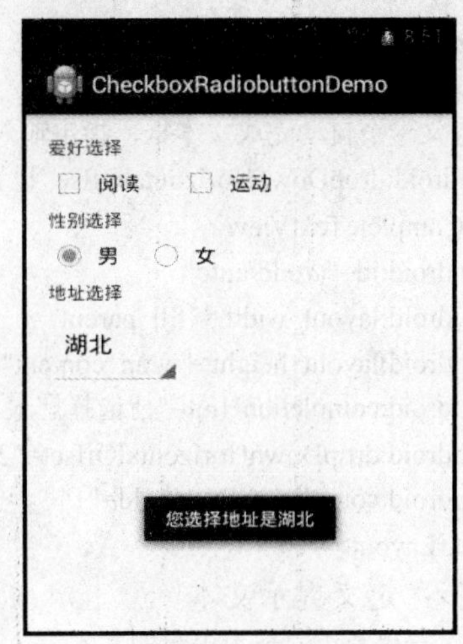

图 4-3　确定提示

上图的具体实现步骤，主要分为三步：

第一步，在界面文件中设置 spinner 控件。

第二步，修改代码，设置 spinner 的显示内容。

第三步，修改代码，为 spinner 选项设置选择事件。

4.3.1　使用自动补全辅助用户

Android 中的 AutoCompleteTextView 可以实现文本输入框的自动补全功能，和网页上的输入框使用 Ajax 时有点像，使用这个功能时，需指定一个 adapter（适配器）来设置补全的。

下面以实例的方式说明它的用法。先看如图 4-4 所示效果图。

图 4-4　补全功能

详细的使用步骤如下：

第一步：先定义布局文件

```
<?xml version="1.0" encoding="utf-8"?>
<LinearLayout
xmlns:android="http://schemas.android.com/apk/res/android"
    android:orientation="vertical"
    android:layout_width="fill_parent"
```

```
        android:layout_height="fill_parent"

    <!-- 定义一个自动完成文本框，指定输入一个字符后进行提示 -->
    <!-- android:dropDownHorizontalOffse 设置下拉列表的水平偏移 -->
    <AutoCompleteTextView
        android:id="@+id/auto"
        android:layout_width="fill_parent"
        android:layout_height="wrap_content"
        android:completionHint="请选择您最喜欢的歌曲"
        android:dropDownHorizontalOffset="20dp"
        android:completionThreshold="1"   /> <!-- 指明当输入多少个字的时候给出响应的提示 -->
    </LinearLayout>
```

第二步：定义提示文本

```
//定义字符串数组，作为提示的文本
    String[] books = new String[]{
        "s 孙燕姿-hey jude",
        "s 孙燕姿-the moment",
        "s 孙燕姿-tonight I feel close to you",
        "s 孙燕姿-leave me alone"
    };
```

第三步：构造并为控件设置适配器

```
public void onCreate(Bundle savedInstanceState) {
        super.onCreate(savedInstanceState);
        setContentView(R.layout.anto_complete_view);
      //创建一个 ArrayAdapter，封装数组
        ArrayAdapter<String> adapter = new ArrayAdapter<String>(
            this,
            android.R.layout.simple_dropdown_item_1line,
            books);
        AutoCompleteTextView actv = (AutoCompleteTextView)
            findViewById(R.id.auto);
        //设置 Adapter
        actv.setAdapter(adapter);
    }
```

4.3.2 使用输入过滤器约束用户输入

在某些情况下为了更好地安全性和隐私性，我们需要限制一些用户的输入，比如身份验证、禁止访问等。为了节约时间最好的方法就是使用 EditText Widget 设置一个 InputFilter 对用户输入的信息进行过滤。

有些 InputFilter 对象的规则是只允许输入大写字母或者对输入文字的长度进行限制。通过实现 InputFilter 接口来创建自定义的过滤器，而过滤器只包含一个名为 filter()的方法。例如

```
final EditText text_f = (EditText)findViewById(R.id.editText01);
    text_f.setFilters(new InputFilter[]{
        new InputFilter.AllCaps(),
        new InputFilter.LengthFilter(2)
});
```

它实现了只允许输入两个大写字母的功能。setFilters()方法的调用需要一个 InputFilter 对象数组，它将所有的输入转化成大写并且设置了最大文本长度为两个字符。

4.3.3　使用 Spinner Widget 的下拉列表约束用户输入

1．下拉列表的结构

public final class Spinner extends AbsSpinner

```
    java.lang.Object
        android.view.View
            android.view.ViewGroup
    android.widget.AdapterView<T extends android.widget.Adapter>
    android.widget.AbsSpinner
android.widget.Spinner
```

2．概述

图 4-5　下拉列表

下拉列表（Spinner）是一个每次只能选择所有项中一项的部件。它的项来自于与之相关联的适配器中。

代码实现：

```
public class SpinnerActivity extends Activity {
    private static final String[] m={"第一组","第二组","第三组"};
    private TextView view ;
    private Spinner spinner;
    private ArrayAdapter<String> adapter;
    @Override
    protected void onCreate(Bundle savedInstanceState) {
        // TODO Auto-generated method stub
        super.onCreate(savedInstanceState);
        setContentView(R.layout.spinner);
        view = (TextView) findViewById(R.id.spinnerText);
        spinner = (Spinner) findViewById(R.id.Spinner01);
        //将可选内容与 ArrayAdapter 连接起来
        adapter = new ArrayAdapter<String>(this,android.R.layout.simple_spinner_item,m);
        //设置下拉列表的风格
    adapter.setDropDownViewResource(android.R.layout.simple_spinner_dropdown_item);
        //将 adapter  添加到 spinner 中
```

```
        spinner.setAdapter(adapter);
        //添加事件 Spinner 事件监听
    spinner.setOnItemSelectedListener(new SpinnerSelectedListener());
        //设置默认值
        spinner.setVisibility(View.VISIBLE);
    }
    class SpinnerSelectedListener implements OnItemSelectedListener{
        public void onItemSelected(AdapterView<?> arg0, View arg1, int arg2,   long arg3) {
            view.setText("请选择颜色："+m[arg2]);
            }
        public void onNothingSelected(AdapterView<?> arg0) {

        }
    }
}
```

4.4 使用按钮、多选框和单项选择框

按钮是一种用户界面元素，它包括：button（按钮）、togglebutton、checkbox（多选框）和RadioButton（单项选择框）等。

4.4.1 使用基本按钮

Button 用于实现诸如确认选择类型的操作，用户能够在该控件上单击，并后引发相应的事件处理函数。按钮控件在 Android 应用程序设计中使用比较广泛，例如，在很多界面中都会有一个“确认”或“取消”按钮，表示一个动作的开始或结束。

对于 Button 控件，直接使用例子讲解其用法。

1. 如何设置按钮的样式

通过 Android:background 设置

```
<Button android:id="@+id/myBtn1" android:text="按钮 1  设置背景样式"
android:layout_width="fill_parent" android:layout_height="wrap_content"
android:background="#fff000" />
```

2. 如何设置背景图标

```
<Button android:id="@+id/myBtn6" android:text="按钮 6  设置背景图标"
android:layout_width="wrap_content" android:layout_height="wrap_content"
android:textStyle="bold" android:background="@drawable/back_48"
/>
```

3. 如何设置按钮的文字颜色

通过 Android:textColor 设置

```
<Button android:id="@+id/myBtn2" android:text="按钮 2  字体颜色"
android:layout_width="fill_parent" android:layout_height="wrap_content"
android:textColor="#ff0000" />
```

4. 如何设置按钮的文字样式

通过 android:textStyle 设置

```
<Button android:id="@+id/myBtn3" android:text="按钮 3 字体加粗"
```

```
android:layout_width="fill_parent" android:layout_height="wrap_content"
android:textColor="#ff0000" android:textStyle="bold" />
```

5. 如何为按钮添加监听器注册事件

方式 1：通过 setOnClickListener 方式

```
myBtn4.setOnClickListener(new OnClickListener() {
@Override
public void onClick(View v) {
myBtn4.setText("setOnclickListener 事件监听注册成功");
}
});
```

方式 2：通过 XML 文件的 Android:onClick 指定方法

```
<Button android:id="@+id/myBtn4" android:text="按钮 4  通过 setOnclickListener 注册监听事件"
android:layout_width="fill_parent" android:layout_height="wrap_content"
android:textStyle="bold" android:onClick="selfDestruct" />
```

指定了 sefDestrut

所以在 Activity 写上一个这样的方法就可以了

```
public void selfDestruct(View v) {
myBtn5.setText("XML 方式事件监听注册成功");
System.out.println("------view v--------");
}
```

4.4.2　使用复选框和 ToggleButton 按钮

CheckBox（复选框）同时可以选择多个选项的控件，包括选择和不选择两种按钮，CheckBox Widget 用于开启或关闭某个特性，或在列表中进行多项选择。

动态创建 CheckBox 对象的方法是定义一个 string 类型的数组，数组元素是 CheckBox 的文本，然后根据 String 数组的元素个数来动态创建 CheckBox 对象。动态创建 CheckBox 对象的步骤如下：

（1）使用 getLayoutInflater().inflate 方法装载 main.xml 布局文件，并返回一个 LinearLayout 对象。

（2）使用 getLayoutInflater().inflate 方法装载 checkbox.xml 布局文件，并返回一个 CheckBox 对象。

（3）根据 String 数组中的值设置 CheckBox 的文本。

（4）调用 linearLayout.addView 方法将 CheckBox 对象添加到 LinearLayout 对象中。

（5）根据 String 数组的元素重复执行 2、3、4 步，直到处理完 String 数组中的最后一个元素位置。

而 ToggleButton 控件是最典型的按钮，它除了提供 Button 控件的基本功能外，它还提供了“开/关”功能，这种功能和上述的复选框 CheckBox 的功能非常类似。ToggleButton 控件通过在按钮文字的下方显示一个绿色的指示条来表示“开/关”状态，至于其到底代表的是开还是关由开发人员自己来决定。

4.4.3　使用 RadioGroup 和 RadioButton

RadioButton 提供单项选择的功能，RadioGroup 是 RadioButton 的承载体，程序运行时不可见。应用程序中可能包含一个或多个 RadioGroup，一个 RadioGroup 包含多个 RadioButton，在每个 RadioGroup 中，用户仅能够选择其中一个 RadioButton。一旦单击多选框。将弹出一个提示框，提示您选择的爱好。一旦单击单选框，将弹出一个提示框，提示您选择的性别，如图 4-6 所示。

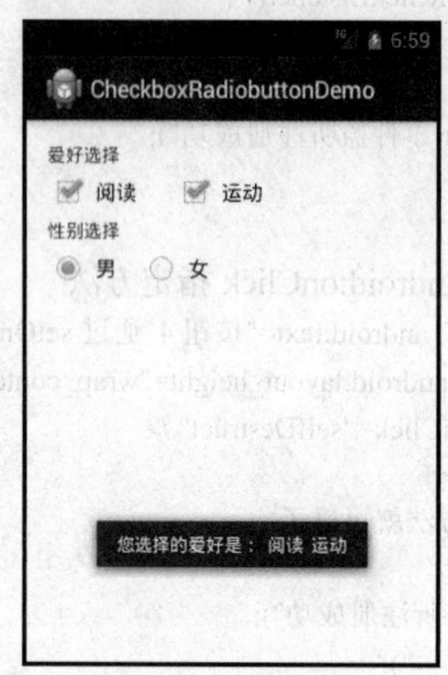

图 4-6　单项选择

下面我们创建不同的按钮。

```
public class MainActivity extends Activity {
    //定义提示框持续事件
    private static final int DURINGTIME = 500;
    //复选框控件和单选框控件
    private CheckBox read;
    private CheckBox sports;
    private RadioGroup gender;
    private RadioButton male;
    private RadioButton female;
        @Override
        protected void onCreate(Bundle savedInstanceState) {
            super.onCreate(savedInstanceState);
            setContentView(R.layout.activity_main);
            //获取各种控件
            read = (CheckBox)findViewById(R.id.read);
          sports = (CheckBox)findViewById(R.id.sports);
            gender = (RadioGroup)findViewById(R.id.gender);
            male = (RadioButton)findViewById(R.id.male);
         female = (RadioButton)findViewById(R.id.female);
    }
```

4.5　获取用户输入的日期和时间

获取用户输入的日期和时间需要两个控件 DataPicker 和 timepicker 控件，其中 Datapicker

可用于获取用户输入的日期，日期的输入范围是 1900-1-1~2100-12-31。timepicker 用于选择一天中时间的视图，支持 24 小时及上午/下午模式，但默认是 12 小时制。小时，分钟及上午/下午都可以用垂直滚动条来控制，用键盘来输入数值。DataPicker 和 timepicker 控件的基本结构相似，如下：

public class DatePicker （或 timepicker） ***extends FrameLayout***

java.lang.Object
android.view.View
android.view.ViewGroup
android.widget.FrameLayout
android.widget.DatePicker（或 timepicker）

效果如图 4-7、图 4-8 所示：

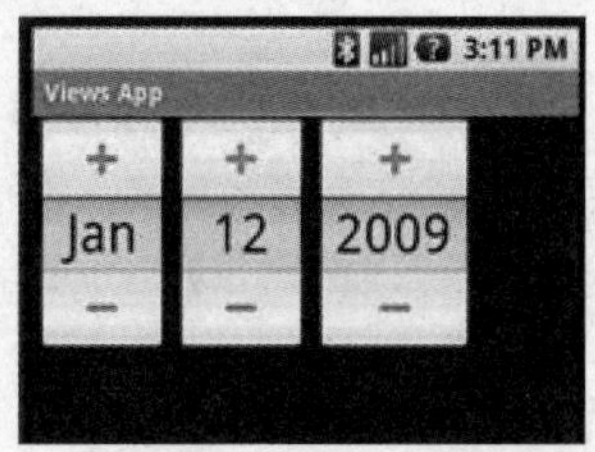

图 4-7 日期选择

图 4-8 时间设置

当 TimePicker 的时间发生变化时，会触发 OnTimeChanged 事件，但当与 DatePicker 控件不同的是，TimePicker 通过 setOnTimeChangeListener 方法设置监听时间变化的监听对象，而 DataPicker 通过 init 方法设置监听日期变化的监听对象。以一个 Demo 的例子来展示日期和时间控件的使用，如图 4-9 所示效果。

图 4-9 TimePicker

配置文件：

```
<?xml version="1.0" encoding="utf-8"?>
<LinearLayout xmlns:android="http://schemas.android.com/apk/res/android"
    android:orientation="vertical"
```

```
    android:layout_width="fill_parent"
    android:layout_height="fill_parent">
    <DatePicker android:id="@+id/datePicker"
        android:layout_width="wrap_content"
        android:layout_height="wrap_content"
        android:layout_gravity="center_horizontal"/>
    <EditText android:id="@+id/dateEt"
        android:layout_width="fill_parent"
        android:layout_height="wrap_content"
        android:cursorVisible="false"
        android:editable="false"/>
    <TimePicker android:id="@+id/timePicker"
        android:layout_width="wrap_content"
        android:layout_height="wrap_content"
        android:layout_gravity="center_horizontal"/>
    <EditText android:id="@+id/timeEt"
        android:layout_width="fill_parent"
        android:layout_height="wrap_content"
        android:cursorVisible="false"
        android:editable="false"/>
</LinearLayout>
```

实现代码：

```
import java.util.Calendar;
import android.app.Activity;
import android.os.Bundle;
import android.widget.DatePicker;
import android.widget.EditText;
import android.widget.TimePicker;
import android.widget.DatePicker.OnDateChangedListener;
import android.widget.TimePicker.OnTimeChangedListener;

public class DpTpActivity extends Activity {
    private EditText dateEt=null;
    private EditText timeEt=null;
    @Override
    public void onCreate(Bundle savedInstanceState) {
        super.onCreate(savedInstanceState);
        setContentView(R.layout.main);
        dateEt=(EditText)findViewById(R.id.dateEt);
        timeEt=(EditText)findViewById(R.id.timeEt);
        DatePicker datePicker=(DatePicker)findViewById(R.id.datePicker);
        TimePicker timePicker=(TimePicker)findViewById(R.id.timePicker);

        Calendar calendar=Calendar.getInstance();
        int year=calendar.get(Calendar.YEAR);
        int monthOfYear=calendar.get(Calendar.MONTH);
        int dayOfMonth=calendar.get(Calendar.DAY_OF_MONTH);
```

```
        datePicker.init(year, monthOfYear, dayOfMonth, new OnDateChangedListener(){
            public void onDateChanged(DatePicker view, int year,
                    int monthOfYear, int dayOfMonth) {
            dateEt.setText("您选择的日期是："+year+"年"+(monthOfYear+1)+"月"+dayOfMonth+"日。");
            }
        });

        timePicker.setOnTimeChangedListener(new OnTimeChangedListener(){
            public void onTimeChanged(TimePicker view, int hourOfDay, int minute) {
                timeEt.setText("您选择的时间是： "+hourOfDay+"时"+minute+"分。");
            }

        });
    }
}
```

小结

1．一个视图控件在屏幕上占据一块矩形区域，它负责管理这块矩形区域的显示，处理这块矩形区域上发生的事件，并管理这块区域是否可以被单击或获取焦点等。

2．LinearLayout 是一种线性布局，可以进行水平或数值方向布局。RelativeLayout 是相对布局，它根据整个容器或其他 View 控件来确定自己的相对位置。

3．TextView 对象拥有控制文字显示和排列的专属属性。TextView 的宽度是由单位 em 控制的，而高度则是由指定文本的行数设置的。

4．EditText 是接受用户输入信息的最重要控件，用来输入和编辑字符串，是 TextView 的子类。Spinner 是一种能够从多个选项中选一选项的控件，使用浮动菜单为用户提供选择。

5．按钮是一种用户界面元素，它包括：button（按钮）、togglebutton、checkbox（多选框）和 RadioButton（单项选择框）等。

6．Datapicker 用于获取用户输入的日期， timepicker 用于选择一天中时间的视图。

第 5 章　使用布局设计 Android 用户界面

5.1　创建 Android 用户界面

在 Android 应用中创建界面通常有两种方法，一种是使用 XML 创建布局，这在之前的范例程序中经常被使用，也许读者朋友们对其已经比较熟悉了。第二种则是在 Java 代码中实现，与使用 XML 文件相比，它更加灵活，更加“动态”，缺点是会使代码比较混乱，不如使用 XML 文件那样结构清晰。

5.1.1　使用 XML 资源创建布局

使用 XML 资源文件创建界面时，文件位于/res/layout 文件夹下。该方法是创建界面最方便也是最常用的方法，在创建时你需要为它赋予一些属性，当然在之后的程序代码中你还可以对其进行修改。

5.1.2　使用代码创建布局

如果你不愿意使用 XML 来创建布局，或者某些时候，使用 XML 创建布局不方便，这时你可以选择在 Java 代码中完成布局的创建工作，运行后效果如图 5-1 所示：

图 5-1　布局界面

5.2　使用 ViewGroup 组织用户界面

继承于 Viewgroup 的类允许开发人员用来在屏幕上显示 View 对象，以实现某种组织化的风格，控制着屏幕空间上的一个矩形区域。区别于普通的 Widget，它能够容纳其他的 View 对象，所以我们将它称为父视图而被其包围的对象称为子视图。

ViewGroup 的子类被划分为两种类型：

- 布局类。
- 视图容器 Widget。

Viewgroup 通常我们用在一下几个方面：

- 为布局使用 Viewgroup。
- 将 Viewgroup 作为 View 的容器。
- 使用层级阅览工具。

5.3　使用内建的布局类

Android SDK 为我们提供了 5 个布局类，他们是：线性布局（LinearLayotu）、绝对布局（AbsoluteLayout）、表格布局（TableLayout）、关系布局（RelativeLayout）、框架布局（FrameLayout）。重点掌握 LinearLayout、 RelativeLayout、AbsoluteLayout。本节将逐一讲解这些类的使用方法和技巧。

5.3.1　AbsoluteLayout

绝对布局(AbsoluteLayout)视图是指为该布局内的所有子视图指定一个绝对的准确的 X/Y 坐标，并显示在屏幕上。

言归正传，我们来观察具体的绝对布局的使用方法。

1. 通过 XML 资源创建绝对视图

运行后，界面显示的效果如图 5-2 所示。

图 5-2　绝对布局

2. 通过代码创建绝对布局

在代码中实现动态进行布局会比较麻烦一些，要使用代码实现绝对布局需要以下 5 个步骤：

（1）创建需要显示的组件对象；

（2）创建布局参数对象；

（3）创建绝对布局对象；

（4）将组件对象添加到布局对象中，并赋予其相应的布局参数；

（5）使用 setContentView()方法将布局显示。

运行代码后在模拟器中我们可以得到如图 5-3 所示界面，而在真机测试时得到的界面却如图 5-4 所示。

图 5-3　模拟器中

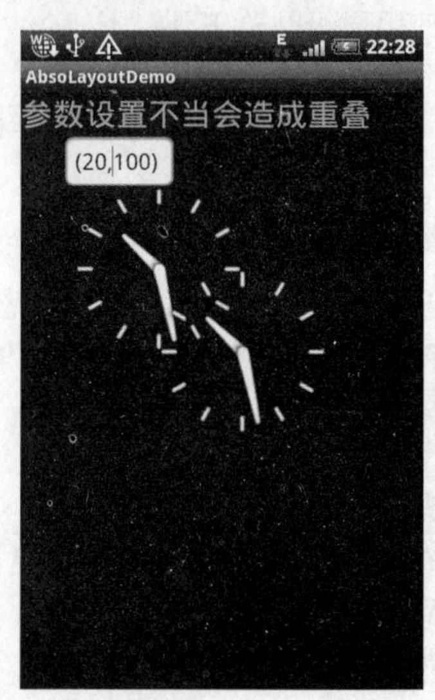

图 5-4　真机中

5.3.2　FrameLayout

框架布局非常简单而搞笑，如果使用层级视图工具（Hierarchy Viewer tool）你会发现所有的布局都是在一个总体的框架布局中。事实上，我们手机的主界面（Home 界面）就是使用的框架视图，每个小应用都是一个子视图。

1．使用 XML 文件创建框架视图

首先我们准备一张图片，如图 5-5 所示。

图 5-5　样例图

将其指定为在父视图的底部，与此同时他们都通过：android:gravity="center"将文字定位在了本视图的中间。将程序运行，我们会看到如图 5-6 所示的效果：

图 5-6　效果图

2. 在 Java 代码中编写框架视图

在 Java 中编写框架布局的代码与编写线性布局类似，需要使用一些 LayoutParams 来设置属性，运行以上代码段，最后展示的效果与 XML 资源文件的布局方法是完全一样的。

5.3.3 LinearLayout

线性布局是开发人员在开发中使用最多的一类布局，甚至在 Android 新建工程时默认的布局都是 LinearLayout。线性布局的作用是将所有的子视图按照横向或者纵向有序地排列。这里不得不提到线性布局特有的一个属性 android:orientation，该属性的作用是指定本线性布局下的子视图排列方向：如果设置为 horizontal 则表示水平，方向为从左向右；若设置为 vertical 则表示垂直，方向为从上向下。将多个线性布局嵌套可以完成大部分希望实现的效果。

1. 使用 XML 编写线性布局

在一个整体的垂直线性布局中有四个子视图，他们从上到下依次为 TextView、LinearLayout、TextView、LinearLayout，接着在子视图的第一个 LinearLayout 中，从左向右排列了一排 ImageView，第二个 LinearLayout 中，从上到下排列了一列 ImageView。如果你愿意，你还可以继续向下层嵌套，当然最好不要嵌套太深的层数，因为这会大大地降低显示效率。其框架结构如图 5-7 所示。

理解了本段代码的框架结构后我们再运行代码，看看效果是不是和我们希望的一样，效果如图 5-8 所示。

2. 使用代码编写线性布局

使用 Java 代码编写线性布局会比较麻烦，而且他们的层级结构会显得没有 XML 代码那么清晰，后期修改代码时，包括改变参数时都会需要更多的工作量。运行代码，效果如图 5-9 所示。

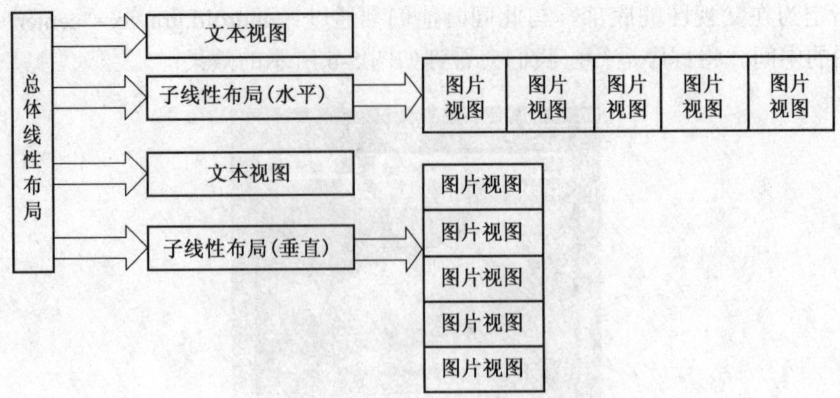

图 5-7　总体线性布局

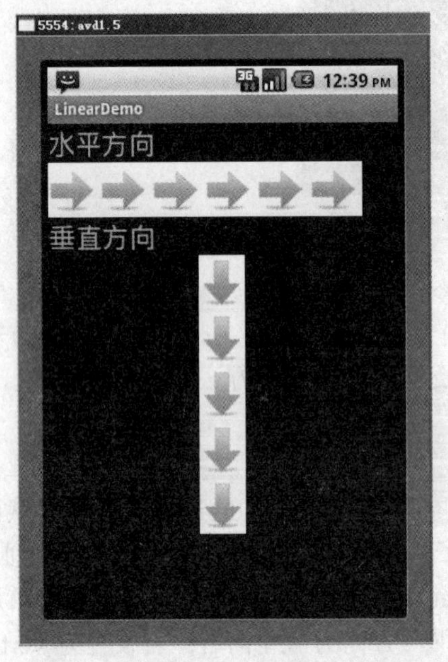

图 5-8　实现图

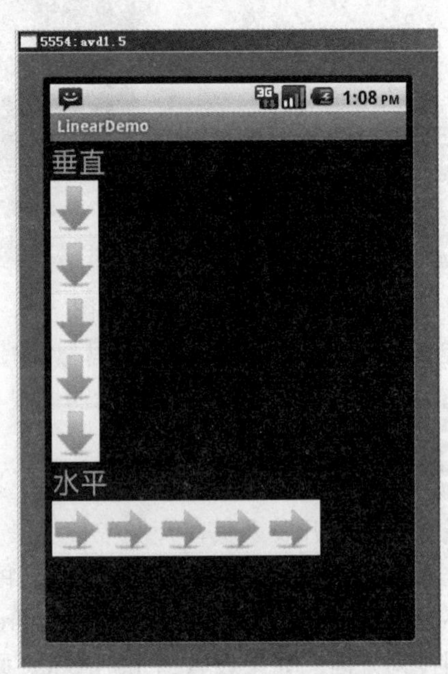

图 5-9　实现图

5.3.4　RelativeLayout

关系布局可以通过指定视图与其他视图的关系来确定其自身的位置，如位于某视图的上方、下方、左方、右方等，还可以指定它位于父布局的中间，右对齐、左对齐等。这样可以避免使用多重布局，有效地提高了效率。

接下来，我们一起来完成一个有趣的实例，通过关系布局完成一个经典的太极八卦图，首先我们要准备一些图片，分别表示八卦的各个方位，如组图 5-10 所示。

下面让我们通过关系布局将这些杂乱的图片们组装起来。

1．使用 XML 代码创建关系布局

通过阅读程序中的注释相信大家应该可以独立完成阅读和理解工作，运行之后的效果图如图 5-11 所示。

关系布局中需要使用的属性，如表 5-1 所示：

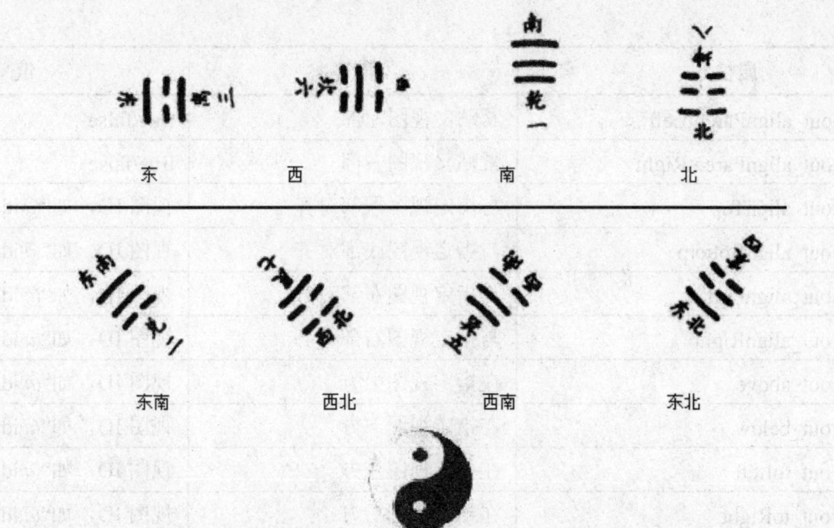

图 5-10　八卦图

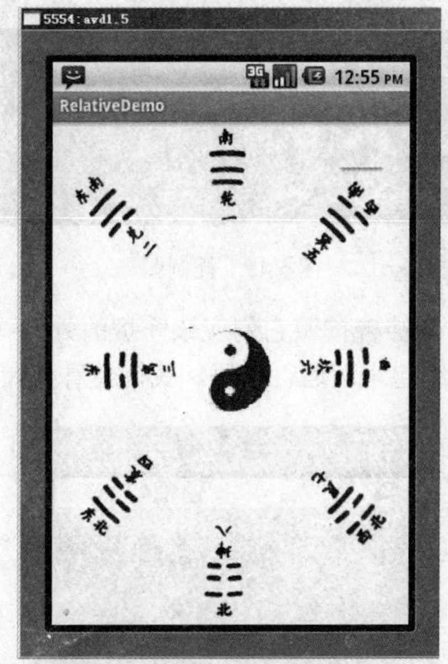

图 5-11　效果图

表 5-1　关系布局所需属性

属性	描述	值
android:layout_centerInParent	在父视图中正中心	true/false
android:layout_centerHorizontal	在父视图的水平中心线	true/false
android:layout_centerVertical	在父视图的垂直中心线	true/false
android:layout_alignParentTop	紧贴父视图顶部	true/false
android:layout_alignParentBottom	紧贴父视图底部	true/false

续表

属性	描述	值
android:layout_alignParentLeft	紧贴父视图左部	true/false
android:layout_alignParentRight	紧贴父视图右部	true/false
android:layout_alignTop	与指定视图顶部对齐	视图 ID，如“@id/***”
android:layout_alignBottom	与指定视图底部对齐	视图 ID，如“@id/***”
android:layout_alignLeft	与指定视图左部对齐	视图 ID，如“@id/***”
android:layout_alignRight	与指定视图右部对齐	视图 ID，如“@id/***”
android:layout_above	在指定视图上方	视图 ID，如“@id/***”
android:layout_below	在指定视图下方	视图 ID，如“@id/***”
android:layout_toLeft	在指定视图左方	视图 ID，如“@id/***”
android:layout_toRight	在指定视图右方	视图 ID，如“@id/***”

使用 Java 代码创建关系布局，完成了八卦图之后，让我们尝试使用 Java 代码直接编写界面，并完成一张四神兽图。首先依然准备 4 张绚丽的图片，如图 5-12 所示：

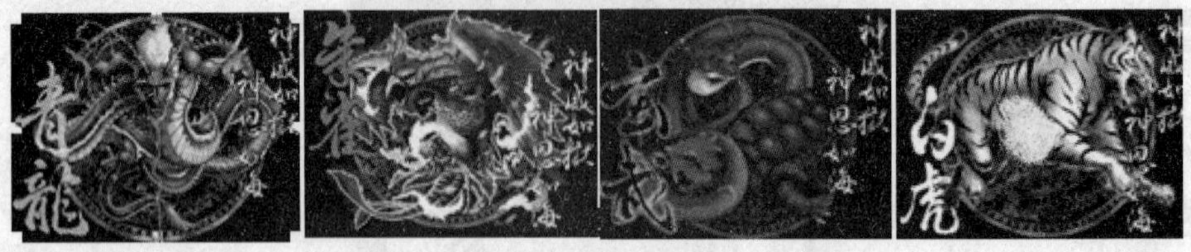

图 5-12　样例图

接下来让我们一起把这四个神兽按照它们应该守护的方向（东——青龙，西——白虎，南——朱雀，北——玄武）组织起来。运行代码，我们会看到如图 5-13 所示效果。

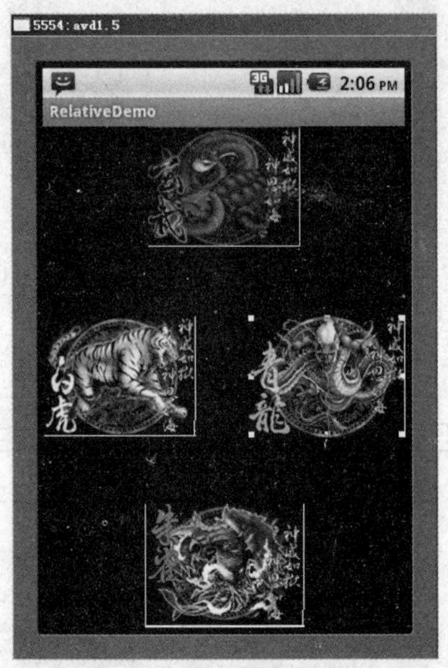

图 5-13　效果图

5.3.5　TableLayout

表格布局有些类似于我们平时使用的 Excel 表格，它将包含的子视图放在一个个单元格内，我们可以控制布局的行数以及列数。使用 TableLayout 可以很方便地构建计算器、拨号器等使用界面。

1. 使用 XML 文件创建表格布局

TableLayout 与 LinearLayout 相似，添加到表格布局中的每个 TableRow 按照添加的先后顺序从上到下一次排列，然后添加到每个 TableRow 中的子视图按照添加顺序从左至右排列。运行后，显示效果如图 5-14 所示。

2. 使用 Java 代码编写表格视图

使用 Java 代码编写表格视图时，需要使用两列参数设置分别是 TableLayout.LayoutParams 和 TableRow.LayoutParams 使用时需要注意。

图 5-14　效果图

5.3.6　在屏幕上使用多布局

将不同的布局方式联系起来可以在一个单独的屏幕上创建丰富的布局。由于布局能够包含 View 对象，而其本身也是 View 的一种，所以布局能够包含其他布局，如图 5-15 所示展示了通过布局视图的结合创建出的复杂而有趣的屏幕。

图 5-15　布局

5.4　使用内建的 View 容器类

布局并不是唯一能够包含其他 View 对象和 Widget 的 View 对象，容器也能够实现，相对于布局来说，容器能够允许某种标准的方式同其交互，以在其子 View 对象之间进行导航。

Android SDK 框架中内建的 ViewGroup 容器类型包括：

（1）使用 AdapterView 呈现的列表、网格和画廊；

（2）使用 ViewFlipper、ImageSwitcher、TextSwitcher 所表示的开关选项；

（3）使用 TabHost 和 TabWidget 表示的标签；

（4）对话框；

（5）使用 ScrollView 和 HorizontalScrollView 进行滚动；

（6）使用 SlidingDrawer 隐藏或显示内容。

5.4.1 结合 AdapterView 使用数据驱动 View 容器

在 View 容器 Widget 中有这样一类容器用来显示重复的 View 对象，如 ListView、GridView 和 GalleryView。

在 Android SDK 中，Adapter 从数据源读取数据，并按照某种规则将数据提供给 View 对象。最常见的 Adapter 类是 CursorAdapter 和 ArrayAdapter，其中 CursorAdapter 从 Cursor 获得数据，而 ArrayAdapter 则从一组数据中获取数据。

当创建一个 Adapter 时，需要一个布局标识符，那么 Android SDK 又提供了那些布局资源呢？

- 使用 ArrayAdapter：ArrayAdapter 将数组的每一个元素同布局资源中单独的一个 View 相绑定。
- 使用 CursorAdapter：将一列或多列数据同布局资源中提供的 View 对象相绑定。
- 向 AdapterView 绑定数据。
- 处理选择事件。
- 使用 ListActivity。

5.4.2 使用 TabActivity 和 TabHost 组织视图

拥有 Android 手机使用经验的读者对于如图 5-16 所示肯定不陌生，这是联系人列表的显示方式，也许很多读者都很向往能够写出同样这么“酷”的布局来，本小节就讲解 Android 中标签页的使用。

图 5-16 通话记录

使用 TabActivity 入门非常简单，但要使用好它却需要大家多花一些时间的。标签页中的每一个标签都是一个非常高效的视图容器，它可以由 XML 预先定义也可以由 TabFactory 产生。接下来我开始学习使用 TabActivity 进行界面设计。

使用 TabActivity 需要如下几个步骤：

（1）继承 TabActivity；

（2）获得 TabHost 对象；

（3）实例化布局对象；

（4）创建并设置 TabSpec 对象；

（5）向 TabHost 中添加 TabSpec 完成标签页的使用。

运行程序后显示如图 5-17、图 5-18 所示。

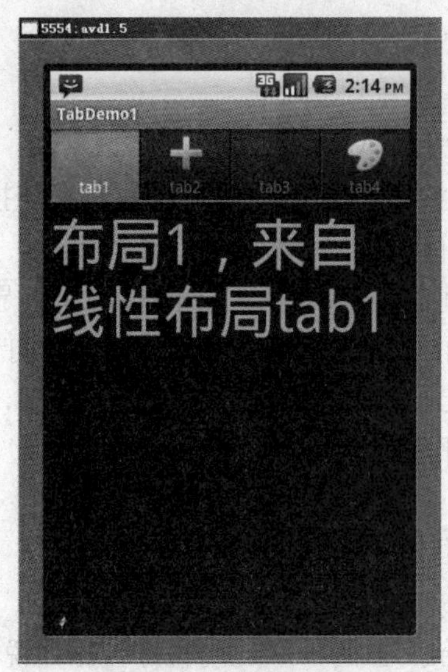

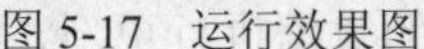

图 5-17　运行效果图

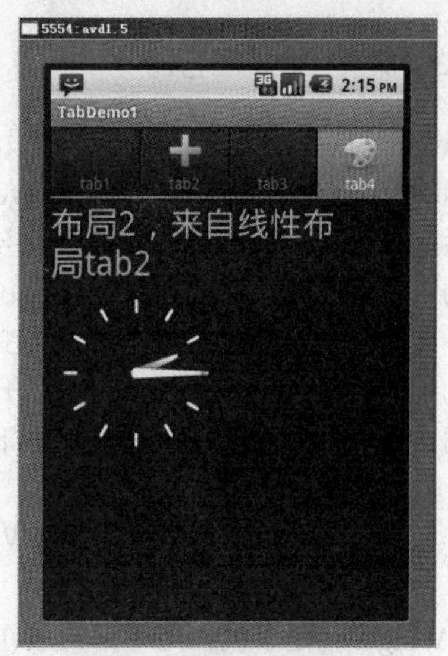

图 5-18　运行效果图

在自定义 TabHost 时需要注意，在创建 TabHost 时需要以下 3 个步骤：

（1）在 XML 资源文件中创建 TabHost 节点，并将 id 设置为 tabhost；

（2）创建 TabWidget 子节点，并设置 id 为 tabs；

（3）创建 FrameLayout 子节点，用作显示内容，其 id 为 tabcontent。

在代码中使用 TabHost 与 TabActivity 比较相似，不同的只有开始的两个步骤，其具体步骤如下：

（1）使用 setContentView()方法显示界面；

（2）获得 TabHost 对象并设置；

（3）创建并设置 TabSpec 对象；

（4）向 TabHost 中添加 TabSpec 完成标签页的使用。

运行程序后，效果显示如图 5-19、图 5-20 所示：

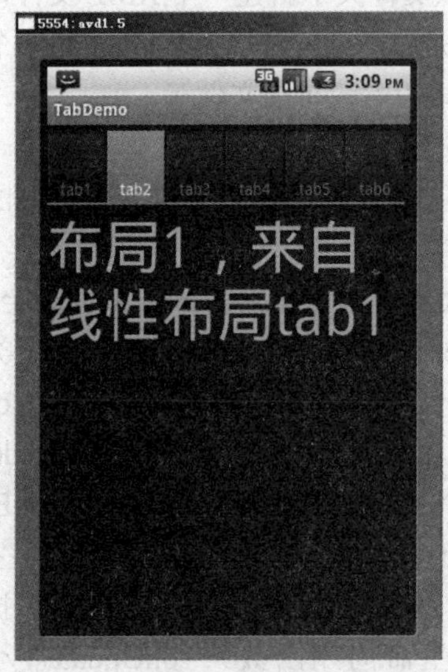

图 5-19　效果图

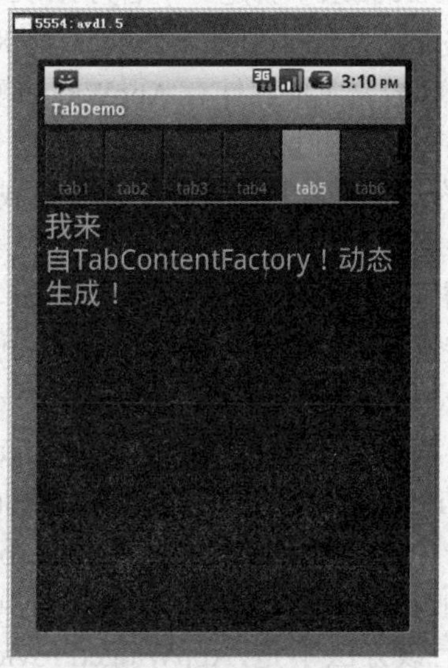

图 5-20　效果图

5.4.3 探索其他视图容器

Android 还拥有一些用以进行屏幕设计和布局的对象或 Widget。

例如：开关：（Switcher）包括 ImageSwitch 和 TextSwitch，并在两者之间进行切换。

对话框：采用包含布局，能够触发与之相同的事件，并且还包含一些新的事件。

滚动条：将任何一个滚动容器作为包装器包裹其他的 View 对象后，滚动条将会显示出来除此之外，布局中子对象的尺寸会发生变化，这是由于滚动条使原来的尺寸限制被打破。

滑动抽屉：自 Android 1.5 R1 后才开发出来的，机制包括两个部分：一个是把手，一个是容器视图。滑动抽屉不仅可以垂直状态下使用也可水平状态下使用。

5.5 使用 AppWidget 显示应用程序视图

AppWidget 就是手机应用中常常放在桌面（即 home）上的一些应用程序，比如说闹钟等。这种应用程序的特点是它上面显示的内容能够根据系统内部的数据进行更新，不需要我们进入到程序的内部去，比如说闹钟指针的摆动等。

同滑动抽屉一样 AppWidget 也是在 Android 1.5 R1 中正式引入的。AppWidget 类似于桌面插件，并与某些底层的 Android 应用程序绑定在一起，实现超越传统应用程序界限的功能。我们可通过以下方法来使用 Appwidget。

- 一个图片浏览应用程序可以添加一个简单的 AppWidget。
- 一个日程管理应用程序添加 AppWidget 后能够例举出当天重要的事情。

5.6 成为 AppWidget 提供者

许多应用程序因为成为 AppWidget 提供者而深受用户喜爱，那么我们自己实现一个 AppWidget 的步骤应该如何呢？

1. 在 src 目录下新建一个名为 XML 的文件夹，在该文件夹下新建一个 XML 文件，该 XML 文件的根标签为 appwidget-provider。该 XML 文件主要是对所建立的 AppWidget 的一个属性设置，其中比较常见的属性有 AppWidget 更新的时间，其初始的布局文件等。

2. 在 src 下的 layout 文件夹下新建一个 XML 文件夹，然后在 XML 文件夹新建一个布局文件，该布局文件就是第一步中需要加载的 AppWidget 初始化时所需的布局文件，因此该 XML 文件的根标签为与 layout 有关，比如说 LinearLayout 类型等。

3. 在 src 的包目录下新建一个 Java 文件，该文件为实现所需建立的 AppWidget 全部功能，其中比较重要的功能是接收广播消息来更新 AppWidget 的内容。该 Java 文件时一个类，继承 AppWidgetProvider 这个类，复写其中的 onDeleted，onDisabled，onEnabled，onReceive，onUpdate 等方法。其中几个方法都是与 AppWidgetProvider 的生命周期有关的。其中 onDeleted()方法是当 AppWidget 删除时被执行，onDisabled()是当最后一个 AppWidget 被删除时执行，onEnabled()为当第一个 AppWidget 被建立时执行，onReceive()为当接收到了相应的广播信息后被执行（在每次添加或者删除 AppWidget 时都会执行，且在其它方法执行的前面该方法也会被执行，其实本质上该方法不是 AppWidgetProvider 这个类的生命周期函数）；onUpdate()为到达了 AppWidget 的更新时间或者一个 AppWidget 被建立时执行。

在 Android 4.1 模拟器中，在桌面上添加一个 AppWidget 的方法是在 WIDGETS 栏目（和 APPS 栏目并列）中选中所需要添加的 AppWidget，并按住鼠标不动，一会儿会出现手机桌面空白处，放在自己想放的位置即可。在该模拟器中删除一个 AppWidge 的方法是选中该 AppWidget 一会儿，然后向屏幕上方拖动，屏幕上方会出现 XRemove 字样，放进去即可。

AppWidget 中本身里面就有一个程序（有个 Activity），但是我们在桌面上添加一个 AppWidget 后也相当于一个程序，这两个程序本身不是在同一个进程当中，而是在各自单独的进程中。

小结

1．在 Android 应用中创建界面通常有两种方法，一是使用 XML 创建布局，二是在 Java 代码中实现。

2. Android SDK 为拥有 5 个布局类：线性布局（LinearLayotu）、绝对布局（AbsoluteLayout）、表格布局（TableLayout）、关系布局（RelativeLayout）、框架布局（FrameLayout）。

3．绝对布局（AbsoluteLayout）视图是指为该布局内的所有子视图指定一个绝对的准确的 X/Y 坐标，并显示在屏幕上。

代码实现绝对布局的步骤：

（1）创建需要显示的组件对象；

（2）创建布局参数对象；

（3）创建绝对布局对象；

（4）将组件对象添加到布局对象中，并赋予其相应的布局参数；

（5）使用 setContentView()方法将布局显示。

4．线性布局的作用是将所有的子视图按照横向或者纵向有序地排列。

5．使用 TabActivity 进行界面设计需要如下几个步骤：

（1）继承 TabActivity；

（2）获得 TabHost 对象；

（3）实例化布局对象；

（4）创建并设置 TabSpec 对象；

（5）向 TabHost 中添加 TabSpec 完成标签页的使用。

6．使用 AppWidget 的方法：

- 一个图片浏览应用程序可以添加一个简单的 AppWidget。
- 一个日程管理应用程序添加 AppWidget 后能够例举出当天重要的事情。

本章我们学习了一些 Android 布局 Widget 及其具体应用。现在，你已经掌握了开发实用而美观的应用程序用户界面所需的全部工具。随着之后的学习，我们会陆续发现更多对我们有用的 Widget。

第 6 章　Android 事件处理

6.1　掌控用户事件

通过前面的一个 Widget 例子，我们已经接触到了基本事件的处理。例如，当用户单击一个按钮时该如何进行处理。用户可以能在操作中产生各种各样的事情。本章重点阐述了发生的用户事件。

6.1.1　监听触摸模式状态改变

当我们处理某些事件时，获得屏幕当前所处的模式是很重要的，Android 的屏幕可以处于开启或关闭状态。当触摸屏幕开启时，只有像 EditText 这样的对象才能在选中时获得焦点。当屏幕关闭时，用户则可以在更多的对象之间切换焦点。在这种情况下，用户可以使用键盘、鼠标进行导航，Enter 键进行选择。

应用程序可以使用 addOnTouch ModeChangeListener()方法来注册并监听触屏模式的改变。

代码：

```
View all=findViewBYIDd(R.id.events_screen);
ViewTreeObserver vto=all.getViewTreeObserver();
Vto.addOnTouchModeChangeListener(
        New ViewTreeObserver.OnTouchModeChangeListener(){
        Public void onTouchModeChanged(
            boolean   isInTouchMode) (
            events.setText("Touch mode:"+isInTouchMode);
            )
            })
```

运行上面的代码我们会发现，一旦触摸事件发生，触摸屏幕就会立即改变为 true。相反当用户选择使用按钮、滚轮等输入方法时，若用户开始输入时，应用程序将立刻报告触摸模式改变为 False。

6.1.2　监听全屏幕上的事件

ViewTreeObserver 除了提供触屏模式状态的改变外，还提供了以下 3 种事件的监听。

（1）PreDraw：在 View 及其子对象绘制前收到通知。

（2）GlobalLayout：当 View 及其子对象的布局可能发生改变时收到通知，改变一下。

（3）GlobalFocusChange：当焦点在 View 及其子对象内发生改变时收到通知。

当应用程序可以感知到 View 的布局或可见性发生改变时，应用程序需要为 ViewTreeObserver 对象的 addGlobalLayoutListener() 方法提供一个 ViewTreeObserver. onGlobalLayoutListener 类接口的实现。

最后，你的应用程序可以注册以感知在 View Widget 及其任何子 View Widget 之间焦点的改变。在应用程序需要监视用户在屏幕上的移动时，则可需要实现它。在处于触屏模式下可能会比不在触屏模式下有较少的焦点改变。

6.1.3　长按事件

典型的长时单击发生在用户单击触屏并保持接触状态一段时间后。但是有时用户在使用键盘或滚轮这样的非触摸方法移至某个位置并按下 Enter 或 Select 键一段时间后触发，这种现象称为按住不放操作。

若我们已经为某个 View 添加了上下文菜单，为了良好的用户界面设计，就不能再监听长时间单击事件。通常称单击鼠标左键为标准单击，单击鼠标右键为长时单击。

我们在这里实现在 Button Widget 上监听长时单击。

```
<?xml version="1.0" encoding="utf-8"?>
<LinearLayout xmlns:android="http://schemas.android.com/apk/res/android"
android:layout_width="fill_parent"
android:layout_height="fill_parent"
android:orientation="vertical" >
<TextView
android:layout_width="fill_parent"
android:layout_height="wrap_content"
android:text="长时单击事件" />
<Button
android:id="@+id/longBtn"
android:layout_width="wrap_content"
android:layout_height="wrap_content"
android:text="长按我呦"
android:layout_marginTop="10dp"/>
</LinearLayout>
```

6.1.4　监听手势

GestureDetector 提供了两个接口，一个是 OnDoubleTapListener 和 OnGestureListener，还有一个外部类 SimpleOnGestureListener，OnDoubleTapListener 主要就是监听用户双击，OnGestureListener 监听用户的各种手势。SimpleOnGestureListener 是 Android 为了方便用户监听特定的手势操作，作出的一个外部类供用户调用。

由于 Activity 上一般都是有控件的，这里就以一个 GridView 做为例子。View 有一个方法，是 setOnTouchListener。这个方法只能做一些简单的操作，所以我们把 GestureDetector 绑定到 TouchListener 上。代码如下：

```
/* GridView 屏幕手势监听 */
class dishGridViewOnTouchListener implements OnTouchListener{
    @Override
    public boolean onTouch(View v, MotionEvent event){
        return gestureDetector.onTouchEvent(event);
    }
}
```

6.1.5 焦点事件

监听焦点改变（setFocusChangeListener），所有的 View 对象都可以在其焦点状态改变时触发一个对其监听器的调用。例如：

```
signWords.setOnFocusChangeListener(new View.OnFocusChangeListener() {
    @Override
    public void onFocusChange(View v, boolean hasFocus) {
        if(hasFocus){//获得焦点
        //在这里可以对获得焦点进行处理
        }else{//失去焦点
        //在这里可以对输入的文本内容进行有效的验证
        }
    }
});
```

以上的这个监听有一个弊端，就是如果页面只有一个 EditText，该 EditText 一旦获得焦点就不会再失去焦点。这是个比较让人头痛的问题。想在此时进行有效的验证恐怕是很难做到的。

6.1.6 监听屏幕旋转

当我们的屏幕方向发生改变时，就可以触发 onConfigurationChanged 事件。但是并不是只有屏幕方向改变才可以触发，其他的一些系统设置改变也可以触发，比如打开或者隐藏键盘。我们要想当前的 Activity 捕获这个事件，需要做以下几件事情。

第一：权限声明：

```
<uses-permission Android:name="android.permission.CHANGE_CONFIGURATION"></uses-permission>
```

API 中说该权限允许我们改变配置信息,但是我们再改变屏幕方向的程序中却并没有用到该权限，是不是相互冲突了呢？这里我们可以这样认为，当我们声明该权限的的时候，系统允许我们通过重写 Activity 中的 onConfigurationChanged 方法来捕获和修改某些配置信息。

第二：声明 Activity 要捕获的事件类型。

第三：重写 Activity 中的 onConfigurationChanged 方法。

小结

1．ViewTreeObserver 3 种事件的监听：

PreDraw：在 View 及其子对象绘制前收到通知。

GlobalLayout：当 View 及其子对象的布局可能发生改变时收到通知，改变一下。

GlobalFocusChange：当焦点在 View 及其子对象内发生改变时收到通知。

2．Activity 捕获事件需要的步骤：

第一：权限声明。

第二：声明 Activity 要捕获的事件类型。

第三：重写 Activity 中的 onConfigurationChanged 方法。

第 7 章　Android 界面高级控制

7.1　向用户显示信息

Android SDK 提供了若干 Widget，它们可以用来可视化地向用户显示信息，包括进度条、时钟和其他类似控件。

7.1.1　使用 ProgressBar 指示进度

无论是在我们生活还是工作中使用电脑时，应用程序通常会执行一些耗时的任务，因此所展现的这些信息通常都离不开进度条。在 Android SDK 中提供了 ProgressBar 控件，该控件的重要功能就是向用户展示当前工作任务的进度、完成情况。ProgressBar 在默认的情况下是圆形的进度条，但我们可通过修改 style 属性将圆形进度条设为大、中、小 3 中形式，代码如下，效果如图 7-1 所示。

```
import android.app.Activity;
import android.os.Bundle;
import android.widget.ProgressBar;
import android.widget.SeekBar;

public class ProgressBarActivity    extends Activity {

        public void onCreate(Bundle savedInstanceState) {
                super.onCreate(savedInstanceState);
                this.setContentView(R.layout.progress_bar_layout);
                SeekBar seekBar = (SeekBar) findViewById(R.id.seekBar);
                seekBar.setOnSeekBarChangeListener(new SeekBar.OnSeekBarChangeListener() {
                        @Override
                        public void onProgressChanged(SeekBar seekBar, int progress, boolean fromUser) {
                                ProgressBar progressBar = (ProgressBar) findViewById(R.id.prograssBar);
                                progressBar.setProgress(seekBar.getProgress());
                        }

                        @Override
                        public void onStopTrackingTouch(SeekBar seekBar) {}
                        @Override
                        public void onStartTrackingTouch(SeekBar seekBar) {}

                });
        }
}
```

图 7-1　进度条

ProgressBar 默认的风格是一个中等尺寸的圆圈进度指示器，因此，要想显示中型的圆形进度条，并不需要设置 style 属性。

除了圆形进度条，ProgressBar 控件还支持水平进度条，ProgressBar 控件的水平进度条支持两级进度，分别使用 android:progress 和 android:secondary Progress 属性设置，进度条的总刻度使用 android:max 属性设置。

将进度条放在窗口标题栏上时应注意一下几点：

（1）requestWindowFeature 方法应在调用 setContentView 方法之前调用，否则系统会抛出异常。

（2）setProgressBarIndeterminateVisibility、setProgressBarVisibility 和 setProgress 方法要在调用 setContentView 方法调用之后调用，否则方法无效。

（3）放在标题栏上的水平进度条不能设置进度条的最大刻度，这是因为系统已经将最大刻度值设为 10000，即 setProgress 的范围应该在 0～10000 之间。

本例的显示效果如下，单击“增加进度”或“减小进度”按钮，最后一个进度条就会以当前进度 20%的速度进行变化。

最后我们需要了解一下进度条的默认行为，首先指示器是可见的。其次，水平进度条的默认值是 10000。当进度值达到最大时，指示器将淡出消失，这同时适用于两种类型的指示器。

7.1.2　使用 SeekBar 指示和调整进度

现在我们已经掌握了如何向用户显示进度，那么我们该如何对指示器进行操作呢？例如在我们的日常生活中，使用智能手机听音乐、玩游戏的时候，Android 开发是如何实现音量的调节的呢？为了解决诸如此类的问题，Android 开发人员在 SDK 中提供了 SeekBar 控件，我们可以通过拖动滑杆改变当前音量值，可以利用 SeekBar 设置具有一定范围的变量值。例如，可以使用 SeekBar 控件来控制图像的旋转角度。让我们回顾一下它的基本用法，其实 SeekBar 控件的使用方法与 ProgressBar 的类似，代码如下：

```
<?xml version="1.0" encoding="utf-8"?>
<LinearLayout xmlns:android="http://schemas.android.com/apk/res/android"
```

```
    android:orientation="vertical" android:layout_width="fill_parent"
    android:layout_height="fill_parent">

    <SeekBar android:id="@+id/seek" android:layout_width="300px"
        android:layout_height="wrap_content" android:max="100"
        android:progress="50" android:progressDrawable="@drawable/seekbar_img"
        android:thumb="@drawable/thumb" />
</LinearLayout>
```

通过上面的设置用户可以在 0 至 100 之间随意的拖动图标。尽管这样的实现只是一种可视化的实现，但用户可以直接且精确的选择所需设定的值。虽然 SeekBar 是 ProgressBar 的子类，但一般 SeekBar 控件并不需要设置 2 级进度即 android:secondaryProgress，若设置了该属性，系统仍会显示第 2 级的进度，不过并不会随着滑杆移动而增加或递减。

与 SeekBar 控件滑动相关的时间接口是 OnSeekBarChangeListener，该接口定义了如下 3 个事件方法：

- Public void onProgressChanged
- Public void onStartTrackingTouch
- Public void onStopTrackingTouch

当按住滑杆后，系统会调用 onStartTrackingTouch 方法，在滑杆滑动时，会调用 onProgressChange 方法，松开滑动杆后就会调用 onStopTracking 方法。

7.1.3 使用 RatingBar 指示和调整评分

尽管 SeekBar 允许用户进行数值设定，但这仍不能满足用户的需求，例如在流行的网购中，卖家一般会要求买家给予好评，除了文字评价外，重要的就是星级评分。RatingBar 是基于 SeekBar 和 ProgressBar 的扩展，用星型来显示等级评定。使用 RatingBar 的默认大小时，用户可以触摸/拖动或使用键来设置评分，它有两种样式（小风格用 ratingBarStyleSmall，大风格用 ratingBarStyleIndicator），其中大的只适合指示，不适合于用户交互。

1. 结构

public class RatingBar extends AbsSeekBar

```
    java.lang.Object
    android.view.View
  android.widget.ProgressBar
  android.widget.AbsSeekBar
android.widget.RatingBar
```

2. XML 属性

表 7-1 XML 属性及描述

属性名称	描述
android:isIndicator	RatingBar 是否是一个指示器（用户无法进行更改）
android:numStars	显示的星型数量，必须是一个整形值，像“100”
android:rating	默认的评分，必须是浮点类型，像“1.2”
android:stepSize	评分的步长，必须是浮点类型，像“1.2”

Android 应用中星级评分控件也是用得很多的，它的使用也非常简单，效果如图 7-2 所示。

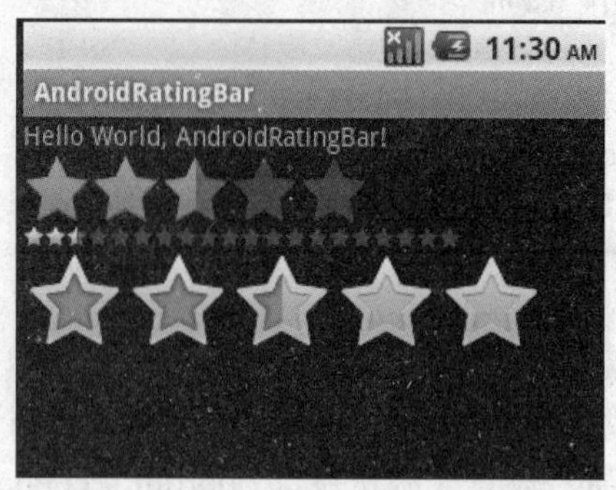

图 7-2 星级评分条

实现代码如下：

```
RatingBar ratingBar=(RatingBar)this.findViewById(R.id.rating);
//星级评分条
ratingBar.setOnRatingBarChangeListener(new RatingBar.OnRatingBarChangeListener() {
    // 当拖动的滑块位置发生改变时出发该方法
    @Override
            public void onRatingChanged(RatingBar ratingBar, float rating,
                    boolean fromUser) {
                //动态改变图片的透明度，其中 255 是星级评分条的最大值
        //5 个星星就代表最大值 255
        image.setAlpha((int)(rating*255/5));
            }
});
```

7.1.4 使用 AnalogClock 和 DigitalClock 指示当前时间

在应用程序中显示时间一般是没有必要的，因为 Android 设备拥有一个能够显示当前时间的状态栏。Android SDK 提供两个控件 AnalogClock 和 DigitalClock，AnalogClock 控件实现的是以表盘方式显示当前时间，该控件拥有两个指针（时针和分针），如图 7-3 所示。DigitalClock 控件实现的是以数字方式显示当前时间，给控件可以显示几时几分几秒，如图 7-4 所示。

```
<AnalogClock android:layout_height="wrap_content"
Android:layout_width="fill_parent"/>
<DigitalClock android:layout_height="wrap_content"
Android:layout_width="wrap_content"android:textSize="18dp"/>
```

图 7-3 表盘时钟

图 7-4 数字时钟

7.1.5　使用 Chronometer 指示时间推移

当我们使用计时器或需要记录或限制某些操作的时间时，我们需要使用 Chronometer Widget，同时它可以使用文本进行格式化。这里，Chronometer 对象的 format 属性可以用来设置显示时间周围的文字。并且只有它的 start()在被调用之后才会显示时间及附加文字，要停止计时器可以调用 stop()方法。setBase()方法用来设定设置计时器的起点，当将计时器几点设置为 0 的时候，计时器将从手机上次重启的时刻开始计时。

```
<Chronometer
    android:id="@+id/ChronometerTest"
    android:layout_width="wrap_content"
    android:layout_height="wrap_content"
    android:format="Timer:%s"/>
```

7.2　为用户提供选项和 ContextMenu

在 Android 应用程序中，我们需要注意两种特殊的应用程序菜单：选项菜单和上下文菜单。

7.2.1　使用选项菜单

选项菜单（Options Menu），系统的主菜单也可称为选项菜单。创建选项菜单我们使用 Activity.onCreateOptionsMenu 方法，给方法的如下：

```
Public boolean onCreateOptionsMenu(Menu menu);
```

通常需要将创建选项菜单的代码放在 onCreateOptionsMenu 方法中。调用 Menu.add 方法可以添加一个选项菜单项。该方法有以下四种重载原型：

Add 方法最多有 4 个参数，这些参数的含义如下：

- groupId：菜单项的分组 ID，该参数一般用于带选项按钮的菜单，其中参数可以是正整数、可以是负整数也可以是 0。
- itemId：当前添加的菜单项的 ID，该参数的值可以是正整数、可以是负整数也可以是 0。
- order：菜单的显示顺序。Android 在显示菜单时会根据 order 的值按升序从左到右、从上到下来显示菜单，参数值不可为负整数。
- titleRes 或 title：菜单项标题的字符串资源 ID 或字符串。

7.2.2　使用 ContextMenu

Android 系统中的 ContextMenu（上下文菜单，如图 7-5 所示）类似于 PC 中的右键弹出菜单，当一个视图注册到一个上下文菜单时，执行一个在该对象上的“长按”动作，将出现一个提供相关功能的浮动菜单。上下文菜单可以被注册到任何视图对象中，不过，最常见的是用于列表视图 ListView（如图 7-6 所示）的 item，在按中列表项时，会转换其背景色而提示将呈现上下文菜单。

介绍了这么多，下面给出一个 demo 演示如何创建和响应上下文菜单：

1. 在 Activity 的 onCreate(...)方法中为一个 view 注册上下文菜单。
2. 在 onCreateContextMenuInfo(...)中生成上下文菜单。

3. 在 onContextItemSelected(...)中响应上下文菜单项。

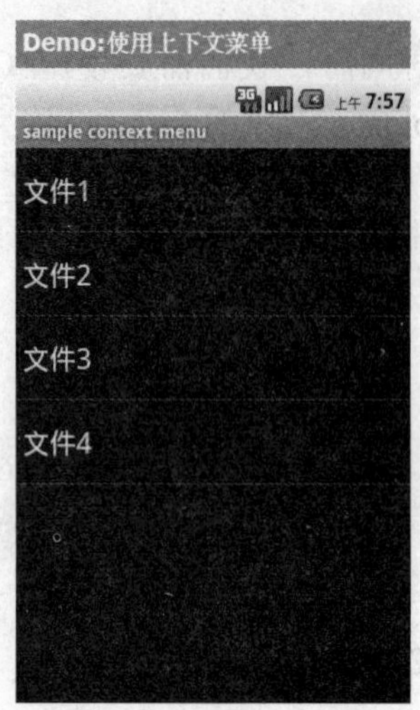

图 7-5 上下文菜单

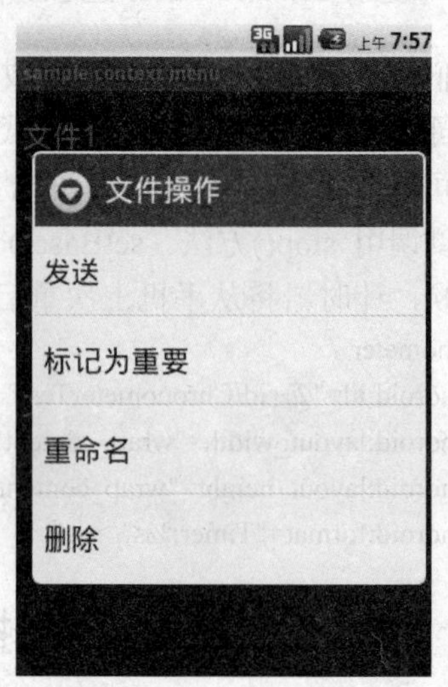

图 7-6 列表视图

生成上下文菜单在 activity 中重写方法。

```
@Override
publicvoid onCreateContextMenu(ContextMenu menu, View v,
        ContextMenuInfo menuInfo) {
    Log.v(TAG, "populate context menu");
        // set context menu title
        menu.setHeaderTitle("文件操作");
        // add context menu item
        menu.add(0, 1, Menu.NONE, "发送");
        menu.add(0, 2, Menu.NONE, "标记为重要");
        menu.add(0, 3, Menu.NONE, "重命名");
        menu.add(0, 4, Menu.NONE, "删除");
}
```

小结

1．ProgressBar 控件在默认的情况下是圆形的进度条。SeekBar 控件可以通过拖动滑杆改变当前值，可以利用 SeekBar 设置具有一定范围的变量值。RatingBar 用星型来显示等级评定。

2．AnalogClock 控件实现的是以表盘方式显示当前时间，该控件拥有两个指针（时针和分针）。DigitalClock 控件实现的是以数字方式显示当前时间，给控件可以显示几时几分几秒。

3．demo 创建和响应上下文菜单过程：

（1）在 Activity 的 onCreate(...)方法中为一个 view 注册上下文菜单。

（2）在 onCreateContextMenuInfo(...)中生成上下文菜单。

（3）在 onContextItemSelected(...)中响应上下文菜单项。

4．需要注意的一点，资源标识符的唯一性，或记录下到底是哪一个菜单被显示出来。因为在每次需要显示上下文菜单时 Chronometer 都会被创建。

第 8 章　解析 Android 应用程序

8.1　Android 应用程序的生命周期

在资源受限的情况下为移动设备开发 Android 应用程序需要开发人员对程序的生存周期深入掌握。程序的生命周期是在 Android 系统中进程从启动到终止的所有阶段，也就是 Android 从启动到停止的全过程。而程序的生命周期是由 Android 系统进行调度和控制的。任何一个 Android 应用程序都也可被看做是一组任务，每一个任务都可以被称作 Activity，所以 Android 应用程序的生命周期就等于多个 Activity 生命周期的和。一个 Activity 的生命周期同样是 Activity 从启动到销毁的过程如图 8-1 所示。

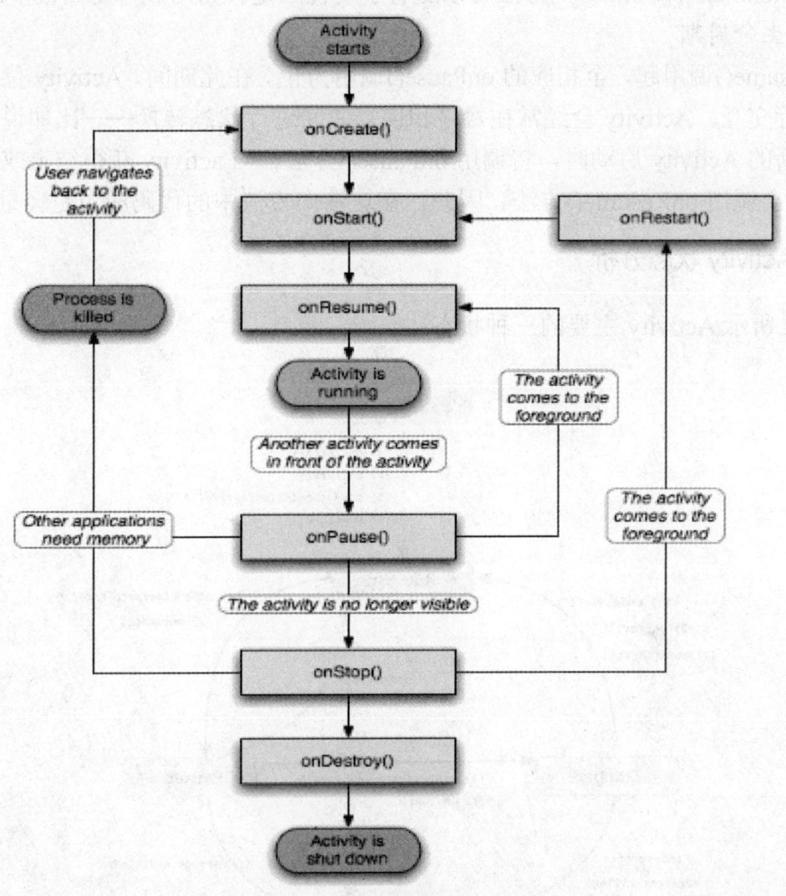

图 8-1　Activity 生命周期

从上图不难看出整个的 Activity 生命周期包括两个循环，第一层从 onResume()到 onPause()的循环称做焦点生命周期，也叫前台的生命周期。第二层从 onStart()到 onStop()的循环称作可视或可见生命周期。

8.1.1 Activity 的生命周期

Activity 有 3 种生命周期，如图 8-1 所示。

1. 整体生命周期

自第一次调用 onCreate(Bundle)开始，直至调用 onDestroy()为止。Activity 在 onCreate()中设置所有“全局”状态以完成初始化，而在 onDestroy()中释放所有系统资源。比如说，如果 activity 有一个线程在后台运行以从网络上下载数据，它会以 onCreate()创建那个线程，而以 onDestroy()销毁那个线程。

2. 可视生命周期

自 onStart()调用开始直到相应的 onStop()调用。在此期间，用户可以在屏幕上看到此 Activity，尽管它也许并不是位于前台或者正在与用户做交互。在这两个方法中，你可以管控用来向用户显示这个 Activity 的资源。比如说，你可以在 onStart()中注册一个 BroadcastReceiver 来监控会影响到你 UI 的改变，而在 onStop()中来取消注册，这时用户是无法看到你的程序显示的内容的。onStart()和 onStop()方法可以随着应用程序是否为用户可见而被多次调用。

3. 焦点生命周期

自 onResume()调用起，至相应的 onPause()调用为止。在此期间，Activity 位于前台最上面并与用户进行交互。Activity 会经常在暂停和恢复之间进行状态转换——比如说当设备转入休眠状态或有新的 Activity 启动时，将调用 onPause()方法。当 activity 获得结果或者接收到新的 intent 的时候会调用 onResume()方法。因此，在这两个方法中的代码应当是轻量级的。

8.1.2 Activity 状态分析

如图 8-2 所示 Activity 主要的三种状态：

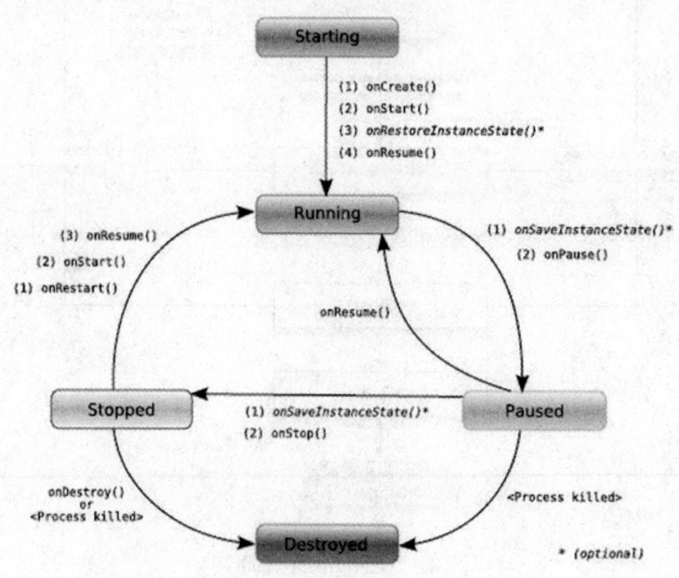

图 8-2 Activity 状态图

Running（运行）：在屏幕前台（位于当前任务堆栈的顶部）。

Paused（暂停）：失去焦点但仍然对用户可见（覆盖 Activity 可能是透明或未完全遮挡）。

Stopped（停止）：完全被另一个 Activity 覆盖。

8.1.3　Activity 常见应用

Activity 常见的应用主要包如何启动一个 Activity 和 Activity 之间的数据传递。

1. 如何启动一个 Activity

一个 Activity 可以启动另外一个，甚至包括与它不处于同一应用程序之中的。举个例子说，假设你想让用户看到某个地方的街道地图。而已经存在一个具有此功能的 Activity 了，那么你的 Activity 所需要做的工作就是把请求信息放到一个 Intent 对象里面，并把它传递给 startActivity()。于是地图浏览器就会显示那个地图。而当用户按下 BACK 键的时候，你的 Activity 又会再一次的显示在屏幕上。

```
// 显示方式声明 Intent,直接启动 SecondActivity
Intent intent = new Intent(FirstActivity.this,SecondActivity.class);
startActivity(intent);
```

2. Activity 之间传递数据

如何在 Activity 中调用另一个 Activity，但若需要在调用另外一个 Activity 的同时传递数据，那么就需要利用 android.os.Bundle 对象封装数据的能力，将欲传递的数据或参数，通过 Bundle 来传递不同 Intent 之间的数据。相当于 Web 开发中用 session 等进行参数传递一样。在 Android 中传递数据的方法很多，最主要的四种：

- 通过 Internet 传送数据（最常用的一种方法）。
- 通过静态变量传递数据（可以传递序列化的数据）。
- 通过剪切板传递数据（即属于复制的过程）。
- 通过全局变量传递数据（解决了静态变量出的数据时可能造出内存溢出的现象）。

首先利用 Intent 传递数据传递数据的 Activity 中：

```
Intent intent = new Intent();
intent.putExtra("name","Jon");
//在 Intent 中加入键值对数据。键:name,值:Jon
intent.setClass(Activity01.this,Activity02.class);
Activity01.this.startActivity(intent);
```

在取出数据的 Activity 中：

```
Intent intent = getIntent();//获得传过来的 Intent。
String value = intent.getStringExtra("name");//根据键 name 取出值。
```

利用 Bundle 传递数据，传递数据的 Activity 中：

```
Intent intent = new Intent();
Bundle myBundle = new Bundle();
myBundle.putString("Key_Name","Tom");
intent.putExtras(myBundle);
intent.setClass(Activity01.this,Activity02.class);
Activity01.this.startActivity(intent);
```

取出数据的 Activity：

```
Bundle getBundle = getIntent().getExtras();
String value = getBundle.getString("Key_Name");
```

其次，利用 startActivityForResult 传递数据 startActivityForResult 可以把数据传过去，还可以把那边的数据传过来。传递数据的 Activity 中：

```
Intent intent = new Intent();
Bundle bundle = new Bundle();
bundle.putString("data", "somedata");
intent.putExtras(bundle);
intent.setClass(Activity01.this, Activity02.class);
startActivityForResult(intent, 10);
```

重载 onActivityResult 方法，用来接收传过来的数据:

```
protected void onActivityResult(int requestCode, int resultCode,Intentintent) {
switch (resultCode) {
case RESULT_OK:
Bundle b = intent.getExtras();
String str = b.getString("Result");
setTitle("Return data:" + str);
break;
default:
break;
}
}
```

接收数据的 Activity:

```
Intent intent = getIntent();
Bundle getBundle = getIntent().getExtras();
String data = getBundle.getString("data");//读取传过来的数据
et.setText(data);
EditText edittext = (EditText) findViewById(R.id.text);
Intent intent = new Intent();//实例化一个 Intent 用来传过去，可以在 Intent 里存放数据。
Bundle bundle = new Bundle();
bundle.putString("Result",edittext.getText().toString());
intent.putExtras(bundle);
Activity02.this.setResult(RESULT_OK,intent);//把 Intent(数据)传过去，RESULT_OK 是请求码。
finish();//结束当前的 Activity。
```

8.2 使用 Android Manifest 文件定义应用程序

Android 应用程序的 Manifest 文件为一种特定格式的 XML 文件，它必须伴随每一个 Android 应用程序。这一文件包含标识应用程序身份的重要信息，在其中定义了应用程序的名称、版本信息和应用程序所依赖的应用程序组件，以及应用程序运行所需的许可权限和其他的应用程序配置信息。

Android Manifest 文件名为 Android Manifest.xml，它必须包含在 Android 工程的最顶层。

Android 系统使用文件中的信息来实现以下功能：

①安装和升级应用程序包；

②向用户显示应用程序细节，如应用程序名称、描述和图标；

③指定应用程序的系统需求，包括所支持的 Android SDK，所需的硬件配置，以及应用程序所依赖的平台特性（如使用多点触控）；

④运行应用程序的 Activity；

⑤管理应用程序的许可权限；

⑥配置其他的高级应用程序参数，包括作为服务、广播接收器，或者内容提供器的配置细节；

⑦开启某些应用程序设置，如是否允许调试，是否为应用程序测试使用配置工具等。

8.2.1　管理应用程序身份

应用程序的 Android Mainfest 文件定义了应用程序的属性。包名称必须在 manifest 文件中的<manifest>标记内，使用 package 属性予以定义。

```
<manifest
  Xmlns:android=http://schemas.android.com/apk/res/android
  Package="com.androidbook.multimsdia"
  Android:versionCode="1"
  Android:versionName="1.0.0">
```

应用程序要想在开发领域内占有一定的地位就必须为其指定版本号，这不仅可以帮助减少版本混乱与疑惑，而且能让产品支持与升级变得更加容易。之后需要为应用程序加上名称和图标，在 Android 市场上许多应用程序都使用的是默认图标，其实我们也可以制作属于自己的图标（方法简单使用 PNG 文件）。

8.2.2　注册 Activity 和其他应用程序组件

应用程序的每一个 Activity 都需要在 Android Manifest 文件中使用<activity>标记予以定义。例如，下面的 XML 定义了一个名为 AudioActivity 的 Activity 类：

```
<activity android:name ="AudioActivity" />
```

这一 Activity 必须在 com.androidbook.multimedia 包中以类的方式予以定义，也就是在 Android Manifest 文件的<manifest>元素中指定的那个包。

还可以在 Activity 的名称中使用“.”作为前缀来指定 Activity 类的作用域：

```
<activity android:name= ".AudioActivity" />
```

或者可以指定完整的类名：

```
<activity android:name=
"com.androidbook.multimedia.AudioActivity" />
```

注：必须使用<activity>标记定义 Activity，否则它将不能运行。

8.2.3　使用许可权限

Android 应用程序默认没有任何许可权限。无论是共享数据，如联系人数据库，还是访问底层硬件，如内置摄像头，任何用于共享资源和授权访问的都必须在 Android Manifest 文件内进行显示地注册。

当用户安装应用程序时，他们将会被告知应用程序运行所需的所有许可权限，用户必须同意授予这些权限。例如：

```
<uses-permission android:name="android.permission.CAMERA" />
```

该段代码表示使用<uses-permission>标记定义了使用内置摄像头的权限。完整的许可权限列表可以在 android.Manifest.permission 类中找到。应用程序的 Manifest 文件只应该包含它运行所需的许可权限。应用程序也可以使用<permission>标记定于属于自己的许可权限。许可权限必须使用 android.permission 属性进行描述，并且授予某个特定的应用程序组件。

许可权限可以在以下几点被强制验证：

①当启动一个 Activity 或 Service 时；

②当访问由 content provider 提供的数据时；

③当处在函数调用层时；

④当使用 Intent 发送和接受广播时。

许可权限有 3 种主要的保护级别：normal、dangerous 和 signature。

normal：保护级别是一个针对应用程序细节权限的默认级别。

dangerous：保护级别用于高风险操作，它们将可能对设备造成不利影响。

signature：保护级别允许任何使用相同证书签名的应用程序使用其组件。

8.2.4 指定应用程序所需输入设备和软件

不同版本的 Android 软件所需要的设备大体上相同，Android 在 manifest 文件中引入了一个<uses-configuration>的标记来指定应用程序所需的所有硬件和软件输入配置。

android:reqFiveWayNav：应用程序是否需要 5 向导航控制，如轨迹球或方向滚轮。属性值 true 和 false。

android:reqHardKeyboard：应用程序是否需要硬件键盘。属性值 true 和 false。

android:reqKeyboardType：需要的键盘类型。默认 undefined。

android:reqNavigation：需要的导航设备类型。默认 undefined。

android:reqTouchScreen：需要的触屏类型。默认 undefined。

这里需要注意的是如果应用程序需要某种类型的方向导航控制但又不挑剔类型，那么 android:reqFiveWayNav 属性就不必使用默认值而设为 true。

8.2.5 使用库和 Android SDK 版本

不同的 Android 设备上运行着不同版本的 Android 平台。对于一个应用程序，开发人员必须决定它是要满足尽可能大的用户群体而支持尽可能多的平台版本？还是开发领先于潮流的游戏，需要最新的硬件设备支持?

开发人员可以再 Android Manifest 文件中使用<uses-sdk>标记来指定应用程序所支持的 Android 平台版本。这个标记由 3 个重要的属性组成。

- minSdkVersion 属性：该属性指定应用程序支持的最低 API Level。
- targetSdkVersion 属性：该属性指定应用程序支持的最佳 API Level。
- maxSdkVersion 属性：该属性指定应用程序支持的最高 API Level。

我们应该为应用程序指定 minSdkVersion 属性，它表示该应用程序所支持的最低 Android SDK 版本。

例如，如果你的应用程序需要 Android SDK 1.6 中的 API，那么你就需要查看 SDK 的文档，找到这一版本被定义为 API Level 4。所以，在 Android Manifest 文件中的<manifest>标记内插入下面代码：

```
<uses-sdk android:minSdkVersion="4" />
```

如果你希望你的应用程序能够适应尽量多的手机设备，就需要保证在这些非目标平台（所支持的 API Level 低于目标 SDK 的平台）上进行充分的测试。

通常很少指定应用程序的 maxSdkVersion 属性。这一属性表示应用程序所支持的最高 Android SDK 版本，它限制了应用程序的向上兼容性。

设置这一属性的目的之一就是为了限制安装最新版本 SDK 的用户使用。例如，有可能某个应用程序只有 Beta 版是免费的，而需要使用最新 SDK 的用户付费，这样，通过设置免费版应用程序 Manifest 文件的 maxSdkVersion 属性，可以实现对他们安装免费版的限制。

但是，如果用户对手机设备的 SDK 进行了在线升级，那么低于 SDK 升级之后的应用程序将停止工作，并且不会出现，这样会给用户带来不便，甚至可能会影响到他们在市场上对应用程序的评价。

8.2.6　在 Manifest 文件中定义应用程序的其他配置参数

其他一些可以再 Android Manifest 文件中进行配置的特性包括：

①作为<application>标记的属性设置应用程序域主题；

②使用<instrumentation>标记配置检测设置；

③使用<activity-alias>标记为 Activity 定义别名；

④使用<intent-filter>标记创建 Intent 过滤器；

⑤使用<receiver>标记创建广播接收器。

小结

1. 由图记住程序的生命周期，清楚 Activity 生命周期包括两个循环。第一层从 onResume() 到 onPause()的循环称做焦点生命周期，也叫前台的生命周期。第二层从 onStart()到 onStop()的循环称作可视或可见生命周期。

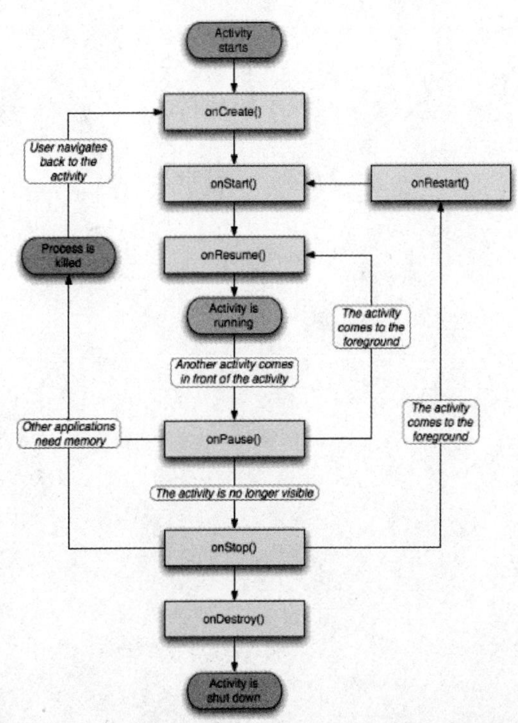

2．了解许可权限可以在以下几点被强制验证：

①当启动一个 Activity 或 Service 时；

②当访问由 content provider 提供的数据时；

③当处在函数调用层时；

④当使用 Intent 发送和接受广播时。

3．Activity 有 3 种生命周期：

- 整体生命周期
- 可视生命周期
- 焦点生命周期

4．这里补充一个知识点：在 Android 中传递数据的方法很多，最主要的有四种：

- 通过 Internet 传送数据（最常用的一种方法）
- 通过静态变量传递数据（可以传递序列化的数据）
- 通过剪切板传递数据（即属于复制的过程）
- 通过全局变量传递数据（解决了静态变量出的数据时可能造出内存溢出的现象）

5．Activity 主要的三种状态：运行、暂停和停止。

第 9 章　管理应用程序资源

9.1　应用程序资源简介

什么是资源呢？所有的应用程序都有两部分组成：功能代码和资源。例如文本字符串、图像和图标、音频视频文件和其他应用程序使用的组件等这就是资源。

在 Android 工程中，Android 资源文件多数被存储在 XML 中，资源是严格按照目录层级结构来组织的。资源存储规则是必须存储在以小写字母特别命名的子文件夹中（由字母、数字和下划线构成），并存储在父文件夹/res 工程目录中。

9.2　相关文件夹资源的介绍以及对资源的定义

在 Android 项目文件夹里面，主要的资源文件放在 res 文件夹里。Assets 文件夹是存放不进行编译加工的原生文件，该文件夹里面的文件不会像 xml.java 文件被预编译，可以存放一些图片等。下面重点了解一下 res 文件夹的子文件夹，如表 9-1 所示。

表 9-1　res 文件夹的子文件夹

目录	资源类型
res/anim/	XML 文件，它们被编译进逐帧动画（frame by frame animation）或补间动画（tweened animation）对象
res/drawable/	.png、.9.png、.jpg 文件，它们被编译进以下的 Drawable 资源子类型中：要获得这种类型的一个资源，可以使用 Resource.getDrawable(id)
res/layout/	被编译为屏幕布局的 XML 文件
res/values/	可以被编译成很多种类型的 XML 文件
res/xml/	任意的 XML 文件，在运行时可通过调用 Resources.getXML()读取
res/raw/	可直接复制到设备中的文件

定义资源我们有两种方式。一是通过手工编辑资源的 XML 文件，使用 aapt 编译他们生成 R.java 文件来定义简单的资源，二是使用内置的资源编辑器的 ADT 插件。后者相比较更加方便，但有时直接手动地编辑 XML 文件可能更快速，特别是一次性需要添加多个新资源的时候。最典型的 ResourceRoundup 工程就是描述 Eclipse 是如何设置资源的。

9.3　使用资源

Android 应用中的使用资源可以是生成资源类文件、从 XML 资源文件中访问资源或使用 Java 代码访问等，而系统中也再带了很多的资源。对于这么多的资源，我们应该了解何种类型的值可以被存储，若存储又是以何种形式进行存储。

9.3.1 使用 String（字符串）资源

字符串资源是开发人员常用的也是最简单的资源之一，字符串资源可以用来在窗口中显示文本标签或帮助文字等。单个的字符串可以从应用程序或者其他的资源文件（比如 XML 布局）中引用。需要注意的是一个字符串是一个简单的资源，引用的是提供的值的名称属性（而不是 XML 的文件名）。所以，你可以将字符串资源和其他资源放在同一个 XML 文件<resources>元素中。

文件地址： res/values/filename.xml

资源引用

Java:R.string.string_name

XML:@string/string_name

语法：

```
<?xml version="1.0" encoding="utf-8"?>
<resources>
    <string
        name="string_name"
        >text_string</string>
</resources>
```

在布局文件中使用字符串资源的代码如下：

```
<TextView
    android:layout_width="fill_parent"
    android:layout_height="wrap_content"
    android:text="@string/hello" />
```

在代码中使用字符串资源的代码如下：

```
String string = getString(R.string.hello);
```

9.3.2 使用格式化的 String 资源

字符串资源支持一些 HTML 标签，因此可以直接在字符串资源中使用这些 HTML 标签格式化字符串。字符串资源支持以下的 HTML 标签：

- <b>：粗体字。
- <i>：斜体字。
- <u>：带下划线的文字。

有时需要同时使用 HTML 标签和占位符格式化字符串，但使用 String.format 方法格式化字符串时通常会忽略字符串中所有的 HTML 标签。

1. 日期时间字符串的格式化

使用 format()方法通过给定的特殊转换符作为参数来实现对日期和时间的格式化。

（1）日期的格式化，如表 9-1 所示。

```
Importjava.util.Data;
Public class Eval
{   public static void main(String[] args)
    { Data data=new Data();
      String year=String.format("%tY",data);
      String month=String.format("%tB",data);
      String Day=String.format("%td",data);
      System.out.println("This year is:"+year);
      System.out.println("Month is:"+month);
```

```
        System.out.println("Day is:"+day);
    }
}
```

结果为：

```
This yearis:2014
Month is:march
Day is:18
```

表 9-1　日期的格式化

转换符	说明	示例
%te	一个月中的某一天	2
%tb	指定语言环境的月份简称	Fed（英文）、二月（中文）
%tB	指定语言环境的月份全称	February（英文）、二月（中文）
%tA	指定语言环境的星期几全称	Moday（英文）、星期一（中文）
%ta	指定语言环境的星期几简称	Mon（英文）、星期一（中文）
%tc	包括全部日期和时间信息	星期二三月 25 13:37:22 CST 2008
%tY	4 位年月份	2008
%tj	一年中年的第几天	085
%tm	月份	03
%td	一个月的第几天	02
%ty	2 位年份	08

（2）时间的格式化，如表 9-2 所示。

表 9-2　时间的格式化

转换符	说明	示例
%tH	2 位数字的 24 小时制的小时（00～23）	14
%tl	2 位数字的 12 小时制的小时（01～12）	05
%tk	2 位数字的 24 小时制的小时（0～23）	5
%tl（小写 L）	2 位数字的 12 小时制的小时（1～12）	10
%tM	2 位数字的分钟（00～59）	05
%tS	2 位数字的秒数（00～60）	12
%tL	3 位数字的毫秒数（000～999）	920
%tN	9 位数字的微秒数（000000000～999999999）	062000000
%tp	指定语言环境下上午或下午标记	下午（中文）、pm（英文）
%tz	相对于 GMT RFC 82 格式的数字失去偏移量	+0800
%tZ	时区缩写形式的字符串	CST
%ts	1970-01-01 00:00:00 至现在经过的秒数	1206426646
%tQ	1970-01-01 00:00:00 至现在经过的毫秒数	1206426737453

```
Importjava.util.Data;
Public class GetDate
{    public static void main(String[] args)
     { Data data=new Data();
        String hour=String.format("%tH",data);
        String minute=String.format("%tM",data);
```

```
        String second=String.format("%tS",data);
        System.out.println("Now is:"+hour+"hours"+minute+"minute"+second+"second");
    }
}
```

结果为：

Now is：11hours 37minutes 25seconds

9.3.3 使用 String 数组

能够被应用程序引用到的字符串数组。一个字符串数组是一个简单的资源，引用的是提供的值的名称属性（而不是 XML 的文件名）。所以，你可以将字符串数组资源和其他资源放在同一个 XML 文件<resources>元素中。

文件位置：res/values/filename.xml

文件名是任意的。<string-array>元素的名字将会作为资源的 ID。

引用方法

Java：R.array.string_array_name

语法：

```
<?xml version="1.0" encoding="utf-8"?>
<resources>
    <string-array
        name="string_array_name">
        <item
            >text_string</item>
    </string-array>
</resources>
```

9.3.4 使用颜色

Android 应用程序可以存储 RGB 颜色值，之后它可以在其他屏幕元素中使用。我们可以使用这些值来设置文本和其他元素的颜色，如屏幕背景。颜色资源在/res/values 工程目录的 XML 中定义，并且在构建是编译进应用程序包。

Android 允许将颜色值作为资源保存在资源文件中。保存在资源文件中的颜色值用井号(#)开头，Android 支持的颜色表示方式分别为#RGB、#ARGB、#RRGGBB、#AARRGGBB。其中 R、G、B 表示三原色红、绿、蓝，A 表示透明度。A、R、G、B 的取值范围为 0～255。三原色的取值越大颜色就越深，若都等于 0 则表示黑色，若都等于 255 则表示白色，三原色的值相等时表示灰度值。A 等于 0 时表示完全透明，等于 255 时表示不透明。

颜色值使用其相对应的<color>标记，并且使用“名称-值”对的方式来定义。下面是一个简单的颜色资源文件/res/values/colors.xml 的示例：

```
<?xml version="1.0"encoding="utf-8"?>
  <resources>
  <color name="background_color"#006400</color>
  <color name="text_color">#FFE4C4</color>
  </resources>
```

9.3.5 使用尺寸

许多用户界面布局 Widget 都是按照特定的尺寸进行绘制的。尺寸资源是由一系列的浮点数组成的资源，这些资源需要在 res/values 工程目录的 XML 文件中定义，并在构建时编译进应用程序包。<dimen>标签用来定义尺寸资源。

Android 中支持的尺寸单位：

- px：屏幕上的真实像素表示，不同设备不同显示屏显示效果相同。如 160*320 的屏幕在横向有 160 个像素，在纵向有 320 个像素。
- in：表示英寸，即屏幕的物理尺寸，每英寸等于 2.54 厘米。通常我们所说的手机屏幕尺寸使用的就是这个单位，但是尺寸是指屏幕对角线的长度。
- mm：表示毫米，是屏幕的物理尺寸。
- pt：表示一个点，也是屏幕的物理尺寸，大小等于 1/72 的 1 英寸。
- dp：相对屏幕物理密度的抽象单位。密度可以理解为每英寸包含的像素点个数，单位是 dp，1dp 相当于密度为 160dp 的屏幕的一个点。也就是说，如果屏幕的物理密度是 160dp，dp 和 px 是等效的。
- sp：与比例无关的像素。和 dp 类似，与刻度无关的像素，主要处理字体大小。
- 下面的代码引用了 dimension.xml 文件中定义的尺寸资源。

```
<?xml version="1.0"encoding="utf-8"?>
    <resources>
    <dime name="FourteenPt">14pt</dime>
    < dime name="OneInch">lin</dime >
    <dime name="TenMillimeters">10mm</dime>
    <dime name="TenPixels">10px</dime>
    </resources>
```

9.3.6　使用简单 Drawable 资源

Drawable 资源是一些图片或者颜色资源，主要用来绘制屏幕。例如指定一个简单的带颜色矩形。通过 Resources.getDrawable()方法获得。

Drawable 资源分为三类：Bitmap File（位图文件）、Color Drawable（颜色）、Nine-Patch Image（九片图片）。

Android 中支持的位图文件有 png、jpg 和 gif。

引用位图资源的格式：

Java 代码中：R.drawable.file_name

XML 文件中：@[package:]drawable/file_name

9.3.7　使用图像

应用程序一般包括图标和图形等可视元素。Android 支持以下图像格式，它们可直接作为资源使用。

.png：便携式网络图像
.9.png：9 格拉伸图像
.jpg 和.jpeg：联合图像专家组
.gif：图形交换格式

官方推荐使用第一种格式，由于移动设备性能的限制，目前 Android SDK 并不支持 gif 格式，因此不鼓励使用。市场上比较流行的图形编辑软件 Adobe Photoshop、GIMP 和 Microsoft

Paint 等均使用上述的图像格式。这里我们主要介绍一下 9 格拉伸图像。

由于手机屏幕拥有各种不同的分辨率，如果能够根据不同的屏幕尺寸和方向或者不同长度调整图像大小，那么采用 9 格拉伸图像将是非常方便的，而且它是一种被拉伸而不失真的图像格式。

9 格拉伸图像使用步骤如下：

- 运行 Android SDK Tools –adraw9patch.bat 文件。
- 将一个 png 文件拖入左侧的面板中。
- 选中左侧底部的 Show patches【斑点】。
- 将 Patch scale 设置为合适的值（比能够看见标记结果值稍大）。
- 沿着图像的右边沿单击，以设置水平“格”引导。
- 沿着图像的上边沿单击，以设置垂直“格”引导。
- 在右侧面板中查看结果，移动“格”导引知道图像按照预期的结果进行拉伸。
- 要删除一个“格”导引，按住 Shift 键在导引的像素（黑色）上单击即可。
- 命名为.9.png 保存图像。

9.3.8 使用动画

Android SDK 支持 3 种动画：属性动画、帧动画和补间动画，本书以补间动画为例进行介绍。

补间动画又可分为移动补间动画、透明补间动画、缩放补间动画和旋转补间动画，这 4 种动画都可使用一种叫渲染器的技术。动画序列并不专属于某个具体的图形文件，也就是说，我们可以编写一个序列而后将其应用于各种不同的图形中。例如，你可以让月亮、星星和钻石等图片都跳跃起来，只需要使用一个缩放的动画序列或一个旋转动画序列就可以了。下面是一个简单的实现旋转操作的代码，目的是将图片旋转 4 次，共 10S 内完成。

```
<?xml   version="1.0"encoding="utf-8"?>
<set xmlns:android=http://schemas.android.com/apk/res/android
Android:shareInterpolator="false">
    <set>
    <rotate
    android:fromDegrees="0"
    android:toDegrees="-1440"
    android:pivotX="50%"
    android:pivotY="50%"
    android:duration="10000"/>
    </set>
    </set>
```

现在我们已经实现了图形的旋转。注意我们现在使用的是基类 Animation 对象来载入动画。

9.3.9 使用菜单

菜单也可放在资源文件中进行设置，这种资源称为菜单资源。如同动画资源一样，菜单资源也不专属于某个特定的 Widget 或空间，而可以在任何菜单控件中被重用。任何视图组件的创建方式都有两种：一种通过在布局文件中声明创建；另一种通过在代码中创建。

Android 中的菜单分为选项菜单、上下文菜单和子菜单，都可以在 XML 文件中声明定义，在代码中通过 MenuInflater 类使用。

菜单资源文件也是 XML 文件，放在工程 res\menu\目录下。

```
<menu xmls:android
="http://schemas.android.com/apk/res/android">
<item
     android:id="@+id/start"
   android:title=" start!"
   android:orderInCategory="1"></item>
</menu>
```

你可以使用 Eclipse 插件来创建菜单，在其中可以访问每一个菜单项的各种配置属性。

9.3.10　使用 XML 文件

我们可以在 XML 资源文件中某个标签的属性值中引用资源。在工程中可以包含任意 XML 资源文件，Android SDK 提供各种支持 XML 操作的包和类。

XML 文件定义在工程的 res\xml\目录下，在这里我们创建包含下面内容的 my_pets.xml 文件：

```
<?xml version="1.0" encoding="utf-8"?>
<pets>
   <pet name="Bit" Type="Bunny"/>
   <pet name="Nibble" Type="Bunny"/>
   <pet name="Stack" Type="Bunny"/>
   <pet name="Queue" Type="Bunny"/>
   <pet name="Heap" Type="Bunny"/>
   <pet name="Null" Type="Bunny"/>
   <pet name="Nigiri" Type="Fish"/>
   <pet name="Sashimi   II" Type="Fish"/>
   <pet name="Kiwi" Type="Lovebird"/>
</pets>
```

接下来我们就可以使用下面的方式将 XML 文件作为一个资源通过程序进行访问，然后实现对 XML 的访问，这里我们就不进行详解了。

9.3.11　使用原始文件

应用程序也可将原始文件作为资源被引用，它包括音频视频文件和 Appt（Android 资源打包工具）不支持的文件。

所有的原始资源文件都存储在/res/raw 目录下，并在之后的操作中加入到程序包中。对于一条路径而言资源的文件名必须是唯一的，并且具有一定的意义，因为它将作为访问这些资源的名称。下面我们访问一个名为 the_help.txt 的文件。

```
Import java.io.InputStream;
……
InputStream   iFile =
     getResources().openRawResource(R.raw.the_help);
```

9.3.12 资源引用

在布局 XML 文件中资源引用是最多的，引用并非复制。例如，一个应用程序可能会需要在多个字符串数组中引用同一个字符串资源。布局文件可以引用任意数量的资源来指定它的各种属性。另一个使用资源使用较多的是样式和主题资源。

资源按照以下格式进行使用：

@[optional_package_name:]resource_type/variable_name

我们需要先将列表本地化，然后再将这些字符串资源的引用存储在 String-arry 中。如下所示。

```
<?xml version="1.0" encoding="utf-8" ?>
 <rescoutces>
<string name="app_name">Application name</string>
<string name="chicken_soup">Organic Chicken Noodle</string>
<string name="misstrone_soup">Veggie Minstrone</string>
<string name="chowder_soup">New England Lobster Chowder</string>
 </rescoutces>
```

之后就可以通过本地名或别名来引用上面的字符串的本地化字符串数组了。

9.3.13 使用布局（layout）

在 Android 应用程序开发中，经常和布局文件（XML）打交道。好的布局，可以让程序界面优美，受用户青睐。因此布局是比较重要的学习点。由于 XML 语言在 Android 开发中独立，这个也就是布局和主控程序相对独立，增强耦合性。

布局资源文件均存储于/res/layout 工程目录下，并且在构建时编译进应用程序包。布局文件可以包括多个用户界面控件，还可以定义整个屏幕的布局或描述其他布局中使用的自定义控件。

下面是一个实现屏幕的背景的同时显示一些文字的布局文件的简单实例。

```
<?xml version="1.0" encoding="utf-8" ?>
<LinearLayout xmlns:android=
      "http://schemas.android.com/apk/res/android"
andorid:orientation="vertical"
andorid:layout_windth="fill_parent"
andorid:layout_hright="fill_parent"
andorid:backgroud="@color/background_color">
<TextView
andorid:id="@+id/TextView01"
andorid:layout_windth="fill_parent"
andorid:layout_hright="fill_parent"
andorid:text="@string/text_string"
andorid:textColor="@color/text_color"
andorid:garvity="center"
andorid:textSize="@dimen/FotryPt"></TextView>
</LinearLayout>
```

上面的布局描述了屏幕上的所有可见的元素。在这个示例中，一个 LinearLayout 控件被用来作为其他用户界面 Widget 的容器，是一个显示了一行文字的简单 TextView。

9.3.14　使用样式（style）和主题（theme）

Android 上的 Style 分为了两个方面：

（1）Theme 是针对窗体级别的，改变窗体样式；

（2）Style 是针对窗体元素级别的，改变指定控件或者 Layout 的样式。

风格是一个包含一种或者多种格式化属性的集合，你可以将其用为一个单位用在布局 XML 单个元素当中。比如，你可以定义一种风格来定义文本的字号大小和颜色，然后将其用在 View 元素的一个特定的实例。

主题是一个包含一种或者多种格式化属性的集合，你可以将其为一个单位用在应用中所有的 Activity 当中或者应用中的某个 Activity 当中。比如，你可以定义一个主题，它为 Window frame 和 panel 的前景和背景定义了一组颜色，并为菜单定义可文字的大小和颜色属性，你可以将这个主题应用在你程序当中所有的 Activity 里。

风格和主题都是资源。你可以用 Android 提供的一些默认的风格和主题资源，你也可以自定义你自己的主题和风格资源。

如何新建自定义的风格和主题：

（1）在 res/values 目录下新建一个名叫 style.xml 的文件。增加一个<resources>根节点。

（2）对每一个风格和主题，给<style>element 增加一个全局唯一的名字，也可以选择增加一个父类属性。在后边我们可以用这个名字来应用风格，而父类属性标识了当前风格是继承于哪个风格。

（3）在<style>元素内部，申明一个或者多个<item>，每一个<item>定义了一个名字属性，并且在元素内部定义了这个风格的值。

（4）你可以应用在其他 XML 定义的资源。

9.4　引用系统资源

除了应用系统本身的资源外，应用程序还可以访问系统提供的资源。系统的资源包括以下几个方面：

- 淡入淡出的动画序列。
- Email 电话类型数组。
- 标准系统颜色。
- 应用程序图标尺寸。
- 多种常用的 drawable 和布局类型。
- 错误字符串和标准按钮文字。
- 系统风格和主题。

9.5　管理各种应用程序配置

资源可以根据特定的语言、设备区、屏幕状态和输入方法作进一步的裁剪与组织。我们一般关注两个非常普遍的现象就是国际化和本地化的实现。以及应用程序是否能够平稳地运行在拥有不同屏幕和屏幕方向的手机上。按照如下步骤可以实现在模拟器和设备上修改本地化设置：

（1）导航至 Home 界面。

（2）按下 Menu 按钮。

（3）选择 Setting 选项。

（4）向下拉动滚动条，选择 Locale&Text 设置。

（5）选择 SetLocale 选项。

（6）选择你想修改的系统区域。

当你在 Android 系统上修改了区域设置后，所有的应用程序救护根据这一设置使用针对该区域的特定资源。如果没有可用的特定本地化资源，那么将使用默认的。

小结

1．应用程序都有两部分组成：功能代码和资源。

2．资源存储规则是必须存储在以小写字母特别命名的子文件夹中（由字母、数字和下划线构成），并存储在父文件夹/res 工程目录中。

3．Android SDK 支持 3 种动画：属性动画、帧动画和补间动画。

4．Android 应用程序依赖于各种资源，包括字符串、字符串数组、颜色、尺寸、drawable 对象、图形、动画序列、布局、样式和主题。具体的使用方法需要我们掌握，并加以灵活运用。如 9 格拉伸图像使用步骤如下：

（1）运行 Android SDK Tools –adraw9patch.bat 文件。

（2）将一个 png 文件拖入左侧的面板中。

（3）选中左侧底部的 Show patches【斑点】。

（4）将 Patch scale 设置为合适的值（比能够看见标记结果值稍大）。

（5）沿着图像的右边沿单击，以设置水平“格”引导。

（6）沿着图像的上边沿单击，以设置垂直“格”引导。

（7）在右侧面板中查看结果，移动“格”导引知道图像按照预期的结果进行拉伸。

（8）要删除一个“格”导引，按住 Shift 键在导引的像素（黑色）上单击即可。

（9）命名为.9.png 保存图像。

5．原始文件也可以成为资源，一般由 XML 定义，并且被组织到特别命名的工程目录下。

第三部分　Android 高级应用

第 10 章　Android 高级应用

Android 提供了一系列强大的 API 来把动画加到 UI 元素中，以及绘制订制的 2D 和 3D 图像中去。下面的几节将综述这些可用的 API 以及系统的功能，同时帮你做出最优的选择。

10.1　屏幕绘图

Android 提供了一系列的View 小部件来为一系列的用户界面提供广泛的支持。你也可以继承这些小部件来修改它们的外表或行为方式。除此以外，你可以你可以用 Canvas 类里的各种绘图方法订制 2D 视图，或创建绘图对象。

使用 Android 可以在移动设备屏幕上绘制各种图片、文本一些比较基本的图形，一般是 PNG 和 JPG 格式的图片。我们可以使用各种颜色、样式和渐变来绘制它们，也可以使用标准的图像变换方法来对他们进行修改，或让绘制的对象呈现生动的效果。

如同学习的绘画一样，在屏幕上的绘画首先需要拥有一个可用的画布，它继承于 View 类，并且需要实现 onDraw()方法。

例如我们在黑色的背景下绘制一个红色的圆实现方法如下：

```
private static class ViewWithRedDot extends View{
        public ViewWithRedDot(Context context){
                super(context);
        }
        @Override
        protected void onDraw(Canvas canvas){
                canvas.drawColor(Color.BLACK);
                Paint circlePaint=new Paint();
                circlePaint.setColor(Color.RED);
                canvas.drawCircle(canvas.getWidth()/2,
                                canvas.getHeight()/2,
                                canvas.getWidth()/3,circlePaint);
        }
}
```

10.2　使用文字

10.2.1　使用默认字体

Android 提供了一些可选的字体样式，但默认的是 Sans Serif 字体，我们也可使用等宽字体和 Serif 字体。下面我们在画布上绘制一段使用默认字体并带有锯齿功能的文本。

```
import android.graphics.Canvas;
import android.graphics.Color;
import android.graphics.paint;
import android.graphics.typeface;
…
Paint mpaint=new Paint(Paint.ANTI ALIAS_FLAG);
Typeface mType;

mPaint.setTextSize(16);
mPaint.setTypeface(null);

canvas.drawText("Default Typeface",20,20,mPaint);
```

同时我们可以使用等宽字体和斜体，但是需要记住并不是所有的字体族都支持所有的字体样式，其中想 Sans Serif 它能实现字体变粗却不支持斜体。另外，我们除了可以选择字体外还可以设置字体的其他属性，例如下划线和删除线等，这时我们需要使用 Paint 对象的 setFlags()方法来实现。

```
mPaint.setFlags(Paint.UNDERLINE_TEXT_FLAG);
```

10.2.2 使用自定义字体

我们可以在应用程序中使用自定义字体，只需要将字体文件以应用程序组件的方式包含进来，在需要使用的时候载入就好。自定义的字体相对于默认字体来说，拥有更好地外观（比如颜色、形状）使按钮独具个性。

代码：

```
import android.graphics.Typeface;
import android.graphics.Color;
import android.graphics.Paint;
…
Paint mPaint=new Paint(Paint.ANTI ALIAS_FLAG);
Typeface mType=
Typeface,.createFromAsset(getContext().getAssets(),"fonts/chessl.ttf");
```

10.2.3 测量文字所需的屏幕尺寸

我们使用 measureText()和 getTextBounds()方法来测量一个给定的 Paint 的文字尺寸，以确定这些文字需要占用多大的矩形面积。

10.3 使用位图

10.3.1 在画布上绘制位图

我们可以将位图会制作在一个 Canvas 上，例如载入一个 Bitmap 并把它绘制到画布上

```
import android.graphics.Bitmap;
import android.graphics.BitmapFactory;
```

```
...
Bitmap pic=BitmapFactory.decodeResource(getResources(),
                    R.drawable.bluejay);
Canvas.drawBitmap(pic,0,0,null);
```

10.3.2　缩放位图

由于不同手机的屏幕尺寸不同，所以有时我们会将图像缩小到一定的尺寸，在这时我们需要使用 createScaledBitmap()来实现，效果如图 10-1 所示。

语句：Bitmap sm=Bitmap.createScaledBitmap(pic,x,y,false);

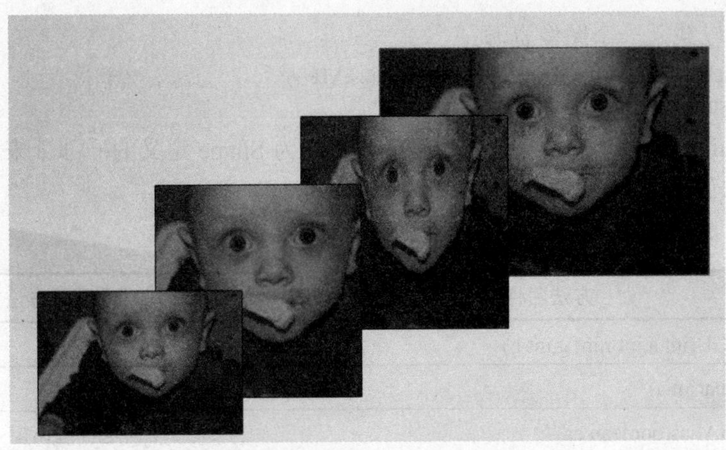

图 10-1　缩放位图

我们也可使用 getWidth()和 getHeight()方法来改变图片的尺寸。

10.3.3　使用 Matrix 变换位图

Matrix 类拥有许多的功能，但通常我们使用较为频繁的是图像的镜像和变形操作。

对图像进行镜像操作代码：

```
import android.graphics.Bitmap;
import android.graphics.Matrix;
...
Matrix    mirrorPic=Bitmap.createBitmap(pic,0,0,pic.getWidth(),
          pic.getHeight(),mirrorMatrix,flase);
```

对图像进行变形操作，这里我们将它做 360 度旋转，代码如下：

```
Matrix mirrorAndTilt360=new matrix();
mirrorAndTilt360.preRotate(360);
mirrorAndTilt360.preRotate(-1,1);
```

10.4　使用图形

我们可以使用 ShapeDrawable 类并结合其他不同类型专门的 Shape 类，来绘制一些常用的基本图形，也可通过 XML 资源文件定义 Paintable 可绘制资源。

10.4.1 用 XML 资源定义图形

之前我们讲过使用位于/res/drawable 资源目录下的 XML 文件类定义一些基本的图形。例如：设计一个简单的绿色矩形。

```
<?xml version="1.0" encoding="utf=8"?>
    <shape xmlns:android
=http://schema.android.com/apk/res/android
Android:shape="rectangle">
<solid android:color="#0f0/>
</shape>
```

之后我们可以载入一个图像资源：

```
ImageView iview=(ImageView)findViewId(R.id.ImageView);
Iview.setImageResource(R.drawable.green_rect);
```

其实许多 Paint（画笔）属性都可以通过 XML 作为 Shape 定义的一部分来进行设定。其中 paint 的相关方法如表 10-1 所示。

表 10-1 paint 的相关方法

方法名称	方法说明
Public void setARGB(int a,int r,int g,int b)	设置颜色
Public void setAlpha(int a)	设置透明度
Public void setAntiAlias(boolean aa)	设置是否抗锯齿
Public void setColor(int color)	设置颜色
Public void setStrokeWidth(float width)	设置笔触宽度
Public void setStyle(PaintStyle style)	设置填充风格

10.4.2 使用程序定义图形

我们可以使用程序来定义这些 ShapeDrawable 实例。不同的图形均在 android.graphics.drawable.shapes 包中以不同类的方式提供。如前面的绿色矩形的例子，我们也可这样来实现。

```
Import    android.graphics.drawable.ShapeDrawable;
Import    android.graphics.drawable.ShapeRectShape;
…
ShapeDrawable    rect=new    ShapeDrawable(new    RectShape());
Rect.getPaint().setColor(color.GREEN);
```

接下来我们可以将这个 Drawable 直接设置给 ImageView：

```
ImageView    iview=(ImageView)findViewById(R.id.ImageView1);
Iview.setImageDrawable(rect);
```

10.4.3 绘制各种图形

Android.graphics.drawable.shapes 包括：

- 矩形
- 圆角矩形
- 椭圆

- 弧和线
- 以路径方式定义的其他图形

以上的这些图形均可以 Drawable 资源方式直接在 ImageView 视图中使用，或者我们可以使用其他方法在 Canvas 中创建这些基本的图形。本书以创建矩形图标为例进行讲解。

矩形包括正方形和长方形，当我们绘制正方形时相当于在 RectShape 类中创建一个 ShapeDrawable。RectShape 对象不含有任何尺寸，但被限定在其容器对象内，在这里是 ShapeDrawable，我们可以为其设定一些基本的属性，比如颜色和尺寸。

下面的例子创建了一个红色的矩形，长为 100 像素，宽为 2 像素，这使得它看起来像一条水平直线，同时我们将它设置为可绘制对象。代码如下：

```
Import android.graphics.drawable.ShapeDrawable;
Import android.graphics.drawable.Shapes.RectShape;
…
ShapeDrawable rect=new ShapeDrawable(new RectShape());
Rect.setIntringsicHeight(2);
Rect.setIntringsicWidth(2);
Rect.getPaint().setColor(Color.MAGENTA);

ImageView   iview=(ImageView)findViewById(R.id.ImageView1);
Iview.setImageDrawable(rect);
```

10.5　使用动画

Android 框架提供了两种动画系统：属性动画（在 Android 3.0 中引进）以及视图动画。这两种动画系统都有变化的选择，但是总的来说，属性动画系统是更好的选择，因为它更加灵活，并提供了更多的特性。在这两种系统之外，你可以使用帧动画，即你可以加载画图资源，并一帧接一帧的显示它们。动态 GIF 将动画帧存储在图像中，你只需要像任何其他图像可绘制资源一样简单地将这些 GIF 包含进去，对于逐帧动画，我们必须提供动画所需的图像帧。对于补间动画而言，只需要使用一幅图像就可以了。

10.5.1　使用逐帧动画

帧动画类似于电影的播放过程，我们也可以把其看成是一本数字连环画册。电影一般每秒至少会播放 25 帧，即 25 幅静态图像。由于人们的视觉暂留，当看到高频率地连续播放静态图像时就会显示动画效果。这种技术被称作逐帧动画，它经常以动态 GIF 图像的形式出现在网络上。

创建逐帧动画的一般方法是：先在程序中存放逐帧动画的素材，再在 res 文件夹下创建一个 anim 文件夹，再在该文件夹下创建一个 XML 文档，在<animation-list…/>元素中添加<item…/>元素来定义动画的全部帧。

```
<? xml wersion="1.0"encoding="utf-8"?>
<animation-list xmlns:android="http:schemas.android.com/apk/res/android"android:oneshot=["ture" | :false"]>
<item android:drawable="…"android:duration="…"/>
</animation-list>
```

其中 oneshot 用于定义动画是否循环播放，为 true 则不循环。

10.5.2 使用补间动画

补间动画指的是只需要指定动画的开始和结束关键帧，而由系统自动补齐中间帧的动画。补间动画又分为四种：

- AlphaAnimation：渐变透明度动画。
- ScaleAnimation：大小缩放动画。
- TranslateAnimation：位移变化动画。
- RotateAnimation：旋转动画。

一、代码实现图片动画效果

1. Alpha 图片的渐变效果

代码实例：

```
// 创建 AnimationSet 对象
AnimationSet animationSet = new AnimationSet(true);
// 创建 AlphaAnimation 对象,第一个参数为从透明度为 1(不透明)到 0(完全透明)渐变
AlphaAnimation alphaAnimation = new AlphaAnimation(1, 0);
// 设置动画执行的时间
alphaAnimation.setDuration(1000);
// 添加 AlphaAnimation 对象到 AnimationSet 集合
animationSet.addAnimation(alphaAnimation);
// 将动画使用到 imageview
imageview.startAnimation(animationSet);
```

2. Scale 图片的缩放效果

代码实例：

```
// 创建 AnimationSet 对象
AnimationSet animationSet = new AnimationSet(true);
// 创建 ScaleAnimation 对象
ScaleAnimation scaleAnimation = new ScaleAnimation(
1, 0.1f,// X 坐标开始缩放的大小和缩到的大小
1, 0.1f,// Y 坐标开始缩放的大小和缩到的大小
Animation.RELATIVE_TO_SELF, 0.5f,// 缩放中心的 X 坐标类型和坐标
Animation.RELATIVE_TO_SELF, 0.5f);// 缩放中心的 Y 坐标的类型和坐标
// 设置动画执行的时间
scaleAnimation.setDuration(2000);
// 将 ScaleAnimation 对象添加到 AnimationSet
animationSet.addAnimation(scaleAnimation);
// 将动画使用到 imageview
imageview.startAnimation(animationSet);
```

3. Rotate 图片的旋转效果

代码实例：

```
// 创建 AnimationSet 对象
AnimationSet animationSet = new AnimationSet(true);
// 创建 RotateAnimation 对象
RotateAnimation rotateAnimation = new RotateAnimation(
0,// 图片从哪开始旋转
360,// 图片旋转多少度
Animation.RELATIVE_TO_PARENT, 1f,// 定义图片旋转 X 轴的类型和坐标
```

```
Animation.RELATIVE_TO_PARENT, 0f);// 定义图片旋转 Y 轴的类型和坐标
    // 设置动画执行的时间
rotateAnimation.setDuration(5000);
// 将 RotateAnimation 对象添加到 AnimationSet
animationSet.addAnimation(rotateAnimation);
// 将动画使用到 ImageView
imageview.startAnimation(animationSet);
```

4. Translate 图片的移动效果

代码实例：

```
// 创建 AnimationSet 对象
AnimationSet animationSet = new AnimationSet(true);
//创建 TranslateAnimation 对象
TranslateAnimation translateAnimation = new TranslateAnimation(
Animation.RELATIVE_TO_SELF, 0f,//图片开始移动的 X 轴的类型和坐标
Animation.RELATIVE_TO_SELF,1f, //图片移动结束的 X 轴的类型和坐标
Animation.RELATIVE_TO_SELF, 0f,//图片开始移动的 Y 轴的类型和坐标
Animation.RELATIVE_TO_SELF, 1f);//图片移动结束的 Y 轴的类型和坐标
//设置动画执行的时间
translateAnimation.setDuration(2000);
//将 translateAnimation 对象添加到 AnimationSet
animationSet.addAnimation(translateAnimation);
//将动画的集合使用到 ImageView
imageview.startAnimation(animationSet);
```

二、XML 描述图片动画效果

1. 创建 anim 文件夹到 res(res/anim)
2. 在 anim 文件夹中创建 XML 描述文件（animation.xml）跟标签

```
set xmlns:android="http://schemas.android.com/apk/res/android"
android:interpolator="@android:anim/accelerate_interpolator">
/set
```

在跟标签内部编写动画的描述

（1）图片的渐变效果

```
alpha
android:fromAlpha="1.0"//图片从透明度多少开始渐变，1 为完全不透明
android:toAlpha="0.0"//图片渐变到什么透明度结束，0 为完全透明
android:startOffset="500"//停留多长时间，开始执行动画，毫秒为单位
android:duration="500" //动画在多长时间执行完成
/
```

（2）图片的缩放效果

```
scale
android:fromXScale="1.0"//图片 X 轴从多大开始缩放，1 为原本的大小
android:toXScale="0.0"//图片 X 轴缩放到多大结束，0 为没有
android:fromYScale="1.0"//图片 Y 轴从多大开始缩放，1 为原本大小
android:toYScale="0.0" //图片 Y 轴缩放大多大结束，0 为没有
android:pivotX="50%"//图片缩放的中心，X 轴坐标，50 为绝对定位，50%为图片自身的一半，50%P 为窗体的一半
android:pivotY="50%" //图片缩放的中心，Y 轴坐标
```

android:duration="2000"//动画效果执行的时间
/

（3）图片的旋转效果

rotate
android:fromDegrees="0"//图片的开始位置，0 为当前位置
android:toDegrees="360"//图片旋转多少度，360 为一圈
android:pivotX="50%"//图片的旋转中心，X 轴的坐标
android:pivotY="50%"//图片的旋转中心，Y 轴的坐标
android:duration="5000" //图片的动画执行时间
/

（4）图片的移动效果

translate
android:fromXDelta="50%"//图片开始移动的 X 轴的坐标
android:toXDelta="100%" //图片移动结束的 X 轴的坐标
android:fromYDelta="0%" //图片开始移动的 Y 轴的坐标
android:toYDelta="100%" //图片移动结束的 Y 轴的坐标
android:duration="2000" //图片动画执行的时间

3. 在代码中得到图片动画效果的描述文件

```
//使用 AnimationUtils 装载动画设置文件
Animation animation =
AnimationUtils.loadAnimation(MainActivity.this,R.anim.animation);
//降动画设置到 ImageView 控件，启动动画
imageView.startAnimation(animation);
```

步骤：

（1）建立动画资源文件 anim/tween_anim.xml，代码如下：

```
<?xml version="1.0" encoding="utf-8"?>
<set xmlns:android="http://schemas.android.com/apk/res/android">
    <alpha
        android:fromAlpha="0.0"
        android:toAlpha="1.0"
        android:duration="6000"/>
    <scale
        android:interpolator="@android:anim/accelerate_decelerate_interpolator"
        android:fromXScale="0.0" android:toXScale="1.0"
        android:fromYScale="0.0" android:toYScale="1.0"
        android:pivotX="50%" android:pivotY="50%"
        android:fillAfter="false"
        android:duration="9000"/>
    <translate
        android:fromXDelta="30" android:toXDelta="0"
        android:fromYDelta="30" android:toYDelta="0"
        android:duration="10000"/>
    <rotate
        android:interpolator="@android:anim/accelerate_decelerate_interpolator"
        android:fromDegrees="0" android:toDegrees="+360"
        android:pivotX="50%" android:pivotY="50%"
```

```
        android:duration="10000"/>
</set>
```

（2）建立布局文件 layout/main.xml，代码如下：

```
<?xml version="1.0" encoding="utf-8"?>
<LinearLayout
  xmlns:android="http://schemas.android.com/apk/res/android"
  android:orientation="vertical"
  android:layout_width="fill_parent"
  android:layout_height="fill_parent">
  <ImageView
    android:id="@+id/iv"
    android:src="@drawable/p1"
    android:layout_width="wrap_content"
    android:layout_height="wrap_content"
    android:layout_gravity="center_horizontal"
    />
  <Button
    android:id="@+id/btn"
    android:text="Click"
    android:layout_width="fill_parent"
    android:layout_height="wrap_content"
  />
</LinearLayout>
```

（3）建立程序文件 TweenActivity.Java，代码如下：

```
package com.skytao;

import android.app.Activity;
import android.os.Bundle;
import android.view.View;
import android.view.View.OnClickListener;
import android.view.animation.Animation;
import android.view.animation.AnimationUtils;
import android.widget.Button;
import android.widget.ImageView;

public class TweenAnimActivity extends Activity {

    public void onCreate(Bundle savedInstanceState) {
        super.onCreate(savedInstanceState);
        setContentView(R.layout.tween_anim);
        Button btn = (Button) findViewById(R.id.btn);
        btn.setOnClickListener(new OnClickListener() {

            @Override
            public void onClick(View v) {
                ImageView iv = (ImageView) findViewById(R.id.iv);
                Animation animation =
```

```
                    AnimationUtils.loadAnimation(TweenActivity.this,
                            R.anim.tween_ani);
                iv.startAnimation(animation);
            }
        });
    }
}
```

（4）运行结果如图 10-2、图 10-3 所示。

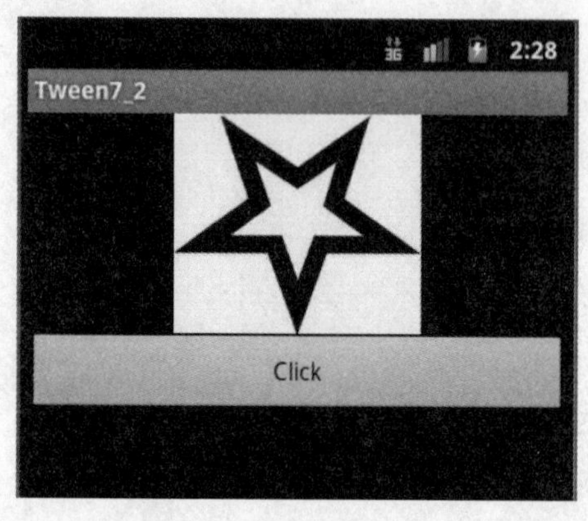

图 10-2　效果图

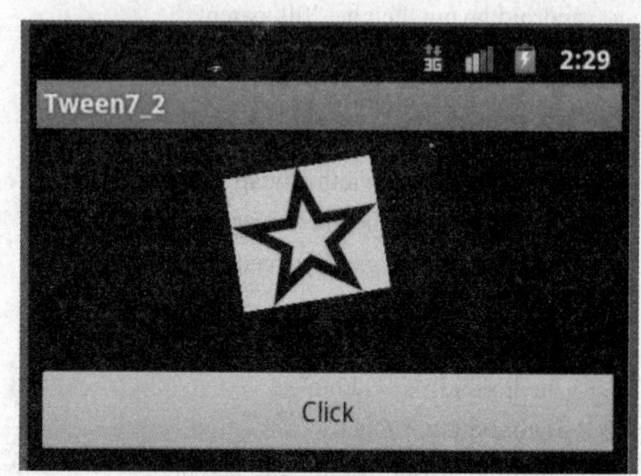

图 10-3　效果图

小结

1．使用 Android 可以在移动设备屏幕上绘制 PNG 和 JPG 格式的图片。我们可以使用各种颜色、样式和渐变来绘制它们，也可以使用标准的图像变换方法来对他们进行修改，或让绘制的对象呈现生动的效果。并代码实现了在黑色的背景下绘制一个红色圆。

2．Android 提供了一些可选的字体样式，但默认的是 Sans Serif 字体。

3．使用 createScaledBitmap()来调节图片的尺寸，使用 Matrix 对图像的镜像和变形进行操作。

4．绘制图形的两种方法：用 XML 资源定义图形和使用程序定义图形。

5．Android 框架提供了两种动画系统：属性动画和视图动画。

6．创建逐帧动画的一般方法是：先在程序中存放逐帧动画的素材，再在 res 文件夹下创建一个 anim 文件夹，再在该文件夹下创建一个 XML 文档，在<animation-list…/>元素中添加<item…/>元素来定义动画的全部帧。

7．使用代码实现图片动画效果：Alpha 实现图片的渐变效果、Scale 实现图片的缩放效果、Rotat 实现图片的旋转效果、Translate 实现图片的移动效果。

Android sdk 提供了 android.graphic 包，它包含用于在屏幕上绘制图像和文本的各种不同的类。图像库包含 Bitmap 图像功能、Typeface 和字体支持等，它们都可以绘制在屏幕上，甚至使用补间或逐帧机制转化为动画。

第 11 章　使用 Android 数据和存储 API

数据存储可以帮助我们将需要的数据保存，以便需要的时候提取。数据存储的方式宏观上有两种：本地存储和网络存储。本章将着重讲解 Android 中的本地数据存储。Android 提供了三种操作数据的方式，即 SharedPreferences（共享首选项）、文件存储以及 SQLite 数据库。本章除了需要学会这三种本地存储方式外，还需学习 ContentProvider。

11.1　使用应用程序首选项

首先什么是首选项？

首选项（SharedPreferences）可以帮助用户很快地保存一些数据项，并共享给当前应用程序或者其他应用程序。在 Android 中用来存储一些轻量级数据的，如一些开机欢迎语、用户名、密码等。它位于 Acticity 级别，并可以被该程序的所有 Activity 共享。它支持的数据类型包括：布尔型（Boolean）、浮点型（Float）、整型（Int）、长整型（Long）、字符串（String）。

其次数据被保存在哪里了？

SharedPreferences 保存的数据都存储在 Android 文件系统目录中的 /data/data /PACKAGE_NAME/shared_prefs 下的 XML 文件中。

最后将数据保存成什么样子？

在 SharedPreferences 这种存储方式中，数据都是以“键-值”对的方式保存，这一点和 Map 很相似。接下里我们可以看一下具体的保存形式。导出 Content.xml 文件后打开，如图 11-1 所示。

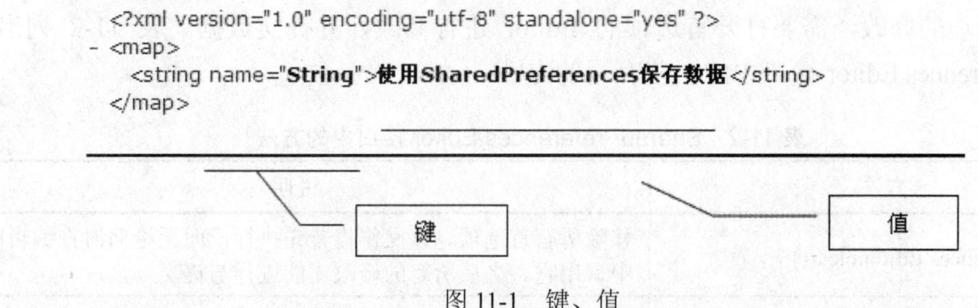
<?xml version="1.0" encoding="utf-8" standalone="yes" ?>
- <map>
<string name="String">使用SharedPreferences保存数据</string>
</map>
键
值

图 11-1　键、值

11.1.1　创建私有和共享首选项

独立的 Activity 可以拥有它们自己私有的首选项。这些首选项仅供某个特定的 Activity 所使用，而不能与应用程序内的其他 Activity 共享。Activity 只拥有一组私有首选项。

下面的代码实现了 Activity 的私有首选项：

```
Import android.content.SharedPreferences;
...
SharedPreferences settingActivity=getPreferences(MODE_PRIVATE);
```

创建共享首选项与此类似，但也有区别。首先我们必须对这个首选项设置命名，然后需要调用不同的方法来获得首选项实例，代码如下：

```
Import    android.content.SharedPreferences;
…
SharedPreferences    settings=getSharedPreferences("MyCustomSharedPreferences",0);
```

创建共享的首选项在应用程序中可以通过其名称被任何 Activity 访问。对于我们能够创建的不同共享首选项的数量并没有要求。

11.1.2 搜索和读取首选项

对于首选项的读取，只需要获取你想要读取的 SharePreferences 实例即可。你可以通过查看首选项、获取具有严格类型的首选项并且可以注册以监听首选项的改变。如表 11-1 显示了一些使用方法。

表 11-1 首选项的使用方法

方法	说明
SharePreferences.contains()	通过名称查看某个首选项是否存在
SharePreferences.edit()	获取编辑器已修改首选项
SharePreferences.getALL()	获取所有首选项“键/值”的映射
SharePreferences.getBoolean()	通过名称获取布尔型首选项
SharePreferences.getFloat()	通过名称获取浮点型首选项
SharePreferences.getInt()	通过名称获取整型首选项
SharePreferences.getLong()	通过名称获取长整型首选项
SharePreferences.getString()	通过名称获取字符串型首选项

11.1.3 新增、修改和删除首选项

对首选项的修改，需要打开首选项的 Editor 进行修改，并提交数据。表 11-2 列出了在 SharedPreferences.Editor 接口中的一些有用的方法。

表 11-2 SharedPreferences.Editor 接口中的方法

方法	说明
SharePreferences.Editor.clear()	移除所有首选项。该操作将首先执行，而无论何时在编辑回话中调用它。之后所有的修改才能进行与提交
SharePreferences.Editor.remove()	通过名称移除某个特定的首选项。无论何时在编辑回话中调用它，该操作将首先执行。之后所有的修改才能进行与提交
SharePreferences.Editor.putBoolean()	通过名称设置布尔型首选项
SharePreferences.Editor.putFloat()	通过名称设置浮点型首选项
SharePreferences.Editor.putInt()	通过名称设置整型首选项
SharePreferences.Editor.putLong()	通过名称设置长整型首选项
SharePreferences.Editor.putString()	通过名称设置字符串型首选项
SharePreferences.Editor.commit()	提交当次编辑回话的所有更改

下面的代码片段实现了 Activity 的私有首选项，打开首选项编辑器，加入了一个名为

SomeLong 的长整型首选项，最后保存了更改：

```
Import android.content.SharesPreferences;
...
SharedPreferences settingActivity=getPreferences(MODE_PRIVATE);
SharedPreferences.Editor prefEditor=settingsActivity.edit();
prefEditor.putLong("SomeLong",java.lang.Long.MIN_VALUE);
prefEditor.commit();
```

11.1.4　使用 Android 文件系统查找首选项数据

应用程序首选项在内部被存为 XML 文件。可以通过文件浏览器（File Explorer）使用 DDMS 来访问这些首选项文件。你可以在下面的 Android 文件系统目录中找到这些文件：

/data/data/<package name>/shared_prefs/<preferences filename>.xml

对于私有首选项，其文件名既是 Activity 的类名，而对于共享首选项其名称可以由你设定，下面的代码中包含了首选项。

```
<? xml version=" 1.0" encoding= "utf-8" standalone="yes " ?>
<map>
    <string name="String_Pref ">Test String</string>
    <int name= "Int_Pref" value = "-1247483648" />
    <float name="Float_Pref " value="-Infinity " />
    <long name="Long _Pref" vlue= "9223372036854775807 " />
    <boolean name = "Boolean_Pref " value= "false "/>
</map>
```

理解应用程序首选项文件的格式对于调用应用程序是很有帮助的。我们可以使用 Dalvik 调试监视服务，它可以将首选项文件复制到设备中，也可以从设备上将其复制出来。

11.2　使用文件和目录

11.2.1　探索 Android 应用程序目录

每一个 Android 应用程序都是以其自身的用户运行在底层的 Linux 操作系统中，它拥有自己私有的应用程序目录和文件。应用程序的数据存储在根目录/data/data/<package name>/中，除此之外还有几个用于存储数据库、首选项和所需的文件的文件夹，同时我们也可以自己创建自定义的目录。对于文件的任何操作都必须开始于与应用程序 Context 对象打交道，下面了解一下文件管理所需的重要方法。按照存储位置、功能的不同将其分为两类：A 类的文件位于/files 子目录中，B 类用于获取子目录对象。

A
- Context.openFileInput()：打开应用程序文件以供读取
- Context.openFileOutput()：创建或打开应用程序文件以供写入
- Context.deleteFile()：通过名称删除应用程序文件

B
- Context.fileList()：获得所有位于/files 子目录下的文件
- Context.getfilesDir()：获取应用程序/files 子目录对象
- Context.getcacheDir()：获取应用程序/files 子目录对象
- Context.getDir()：根据名称获取或创建一个应用程序子目录

11.2.2 在默认应用程序目录中创建和写入文件

我们知道在 Java 中通过使用流来读写文件，要创建一个文件首先要建立一个输出流。在 Android 中同样如此，我们依靠 openFileOutput()来获得一个输出流。它将在上一节中展示的位置创建一个文件，使用一个流需要 3 个步骤：

1．获得一个输出流对象

获得一个输出流对象以进行文件操作，使用 openFileOutput()方法可以很方便的获得，如下所示：

```
openFileOutput("myFile.txt",Context.MODE_PRIVATE);
```

2．向流中写入数据

获得了输出流之后我们需要向流中添加我们需要添加的信息了，同样非常方便，使用 write()方法就可以了：

```
write(data.getBytes());
```

3．关闭流

当数据写入完毕后，使用 close()方法可以关闭输出流，方法如下所示：

```
fos.close();
```

11.2.3 在默认应用程序目录中读取文件内容

与上面类似，Android 提供了读取文件的简便方法，同样需要 3 个步骤：

1．创建输入流

首先，得到了一个输入字节流，参数是文件名。

```
fis = openFileInput("myFile");
```

接着，将其转换为字符流，这样可以一个字符一个字符地读取以便显示中文。

```
isr = new InputStreamReader(fis);
br = new BufferedReader(isr);
```

最后，我们又将其包装为缓冲流，这样可以一段一段地读取，减少读写的次数，保护硬盘。

2．读取数据

从流中获得数据同样非常方便，这里没有使用 read()方法而使用了 readLine()方法，原因下文也会给出，代码如下：

```
String s = null;
S = (br.readLine());
```

3．关闭输入流

这里记得每个流都要关闭：

```
fis.close();
isr.close();
br.close();
```

11.3 使用 SQLite 数据库存储结构化数据

本节将讲解使用 Android 自带的关系型数据库——SQLite。它是一个基于文件的轻量级数据库，为嵌入式设备量身打造而成。每个应用程序创建的数据库都是私有的，但是

ContentProvider 可以把数据共享给其他的应用程序。

这里我们将学习到创建和删除数据库，创建和删除表，以及插入记录、更新记录、删除记录和查询记录等操作。

11.3.1　创建 SQLite 数据库

创建数据库有多种方法，最简单的无疑是使用 Context 的 openOrCreateDatabase()方法了。当然还有更加强大的方法，比如通过 SQLiteOpenHelper 类更有效地管理它。

使用 openOrCreateDatabase()方法创建数据库语法格式如下：

```
ContextWrapper.openOrCreateDatabase(String name, int mode, CursorFactory factory)
```

事实上，与 SharedPreferences 类似，数据库文件被保存在如下的目录下：

```
/data/data/package name/databases
```

通过 DDMS 就可以查看我们刚才创建的数据库文件了。

创建完数据库后，为了更安全而有效地使用它，我们还需要对它进行一定的配置，主要的方法有 3 个，分别是：

（1）设置本地化：

```
db.setLocale(Locale.getDefault());
```

（2）设置线程安全锁：

```
db.setLockingEnabled(true);
```

（3）设置版本：

```
db.setVersion(1);
```

11.3.2　插入、修改和删除数据库记录

我们已经建立了数据库，现在就开始为其添加数据。SQLLiteDatabase 类包含 3 个数据操作，分别为：插入 insert()、修改 update()和删除 delete()。

1．插入记录

我们使用 insert()方法向表中插入记录时，我们需要使用方法：

```
SQLiteDatabase.insert(String table, String nullColumnHack, ContentValues values)
```

具体的实现，例如在 student 表中插入 li mei。

```
Import android.content.contentValues;
...
ContentValues values=new ContentValues();
Values.put("firstname"," li");
Values.put("lastname","mei");
Long    newAuthorID=mDatabase.insert("student",null,values);
```

2．更新记录

我们使用 updata()方法来更新记录时，我们需要使用方法：

```
SQLiteDatabase.update(String table, ContentValues values, String whereClause, String[] whereArgs)
```

Updata()方法需要 4 个参数：

①需要修改记录的表。

②包含待修改字段数据的 ContentValues 对象。

③可选的 where 子句，其中的“？”代表 where 子句参数。

④where 子句参数数组。

向 where 子句中传入 null 表示修改表中的所有记录。这适用于对数据库记录的全面修改。

3. 删除记录

我们可以使用 delete()删除记录，我们需要使用方法：

SQLiteDatabase.delete(String table, String whereClause, String[] whereArgs)

多数时候，我们根据其唯一标识符（主键）来删除某个单一的数据，但并不是所有都需要使用主键来删除。下面我们以删除 tbl_book 表中唯一的 id 和与之相对应的数据记录。

```
Public void deleteBook(Integer    bookId)
{ mDatabase.delete("tbl_books","id=?",
      new String[] bookId.toString() );
}
```

11.3.3 在 SQLite 数据库中执行查询

数据库可以提供任一种可能的数据存储方式，而 Android 提供了许多查询应用程序数据库的方法。SELECT 命令作为查询数据库的唯一命令，必然也是最大、最复杂的命令。

查询语句，示例如下：

```
public Student findStudentInfo(int id) {
        db = mySQLiteOpenHelper.getWritableDatabase();
        String sql = "SELECT studentId, studentName, studentAge FROM
                        tab_student WHERE studentId = ?";
          Cursor cursor = db.rawQuery(sql, new String[] {String.valueOf(id)});
          if(cursor.moveToNext()) {
              return new Student(cursor.getInt(cursor.getColumnIndex("studentId")),
                        cursor.getString(cursor.getColumnIndex("studentName")),
                        cursor.getInt(cursor.getColumnIndex("studentAge")));
          }
          return null;
    }
```

而在 Android 中，查询数据是通过 Cursor 类来实现的，当我们使用 SQLiteDatabase.query()或 SQLiteDatabase.rawQuery()方法时，会得到一个 Cursor 对象，Cursor 指向的就是每一条记录，它提供了很多有关查询的方法。

接下来学习一些经常使用的 Cursor 对象的方法：

（1）Cursor.getCount()获得 Cursor 对象中记录条数，可以理解为有几行。

（2）Cursor.getColumnCount()，获得 Cursor 对象中记录的属性个数，可以理解为有几列。

（3）Cursor.moveToFirst()，将 Cursor 对象的指针指向第一条记录。

（4）Cursor.moveToNext()，将 Cursor 对象的指针指向吓一跳。

（5）Cursor.isAfterLast()，判断 Cursor 对象的指针是否指向最后一条记录。

（6）Cursor.close()，关闭 Cursor 对象。

（7）Cursor.deactivate()，取消激活状态。

（8）Cursor.requery()，重新查询刷新数据。

11.3.4 关闭和删除 SQLite 数据库

我们已经不再使用数据库时，就应该关闭它。当然我们也可以修改或删除表或是数据库。

1. 关闭数据库

当我们不再需要使用数据库时可以考虑将其关闭，关闭的方法非常简单，只需要调用方法：

```
mDatabase.close();
```

2. 删除数据库

有些时候基于某种需求我们需要将数据库彻底删除，方法同样非常简单：

```
Context.deleteDatabase();
```

11.4　使用 Content Provider 在应用程序间共享数据

ContentProvider 横空出世。顾名思义，内容提供者就是将私有的数据暴露给其他的使用者，如通话记录、联系人列表等。当然，我们还可以自己定义 ContentProvider，将自定义的数据提供给其他的应用程序使用。

ContentProvider 机制可以帮助开发者在多个应用中操作数据，包括存储、修改和删除等。这也是在应用间共享数据的唯一方式。一个 ContentProvider 类实现了一组标准的接口，它们是：

（1）ContentProvider.insert(Uri arg0, ContentValues arg1)

（2）ContentProvider.query(Uri arg0, String[] arg1, String arg2, String[] arg3, String arg4)

（3）ContentProvider.update(Uri arg0, ContentValues arg1, String arg2, String[] arg3)

（4）ContentProvider.delete(Uri arg0, String arg1, String[] arg2)

（5）ContentProvider.getType(Uri arg0)

11.4.1　ContentResolver

Android 的数据共享机制中，ContentProvider 作为提供者出现，而 ContentResolver 则作为消费者出现。通过 getContentResolver()可以得到当前应用的 ContentResolver 对象。

要实现一个 ContentResolver 同样需要实现 5 个接口，与 ContentProvider 一一对应：

（1）ContentResolver. delete(Uri url，String where，String[] selectionArgs)

（2）ContentResolver.update(Uri uri，ContentValuesvalues，Stringwhere，String[] selectionArgs)

（3）ContentResolver.query(Uriuri，String[]projection，Stringselection，String[]selectionArgs，String sortOrder)

（4）ContentResolver. insert(Uri url，ContentValues values)

（5）ContentResolver. getType(Uri url)

11.4.2　探索 Android 的部分内建 Content Provider

Android 系统中本身就包含了一些内建的程序，包括联系薄以及通话记录等。这些应用程序往往都作为 ContentProvider 向外界提供数据，我们可以方便地使用 managedQuery()方法查询相关数据。为了更好地说明如何使用 ContentProvider，下面我们通过一个例子来实践一下。

联系薄，首先我们要向手机中添加一些联系人方式，打开虚拟机的电话簿，单击 menu 按钮后显示如图 11-2 所示。

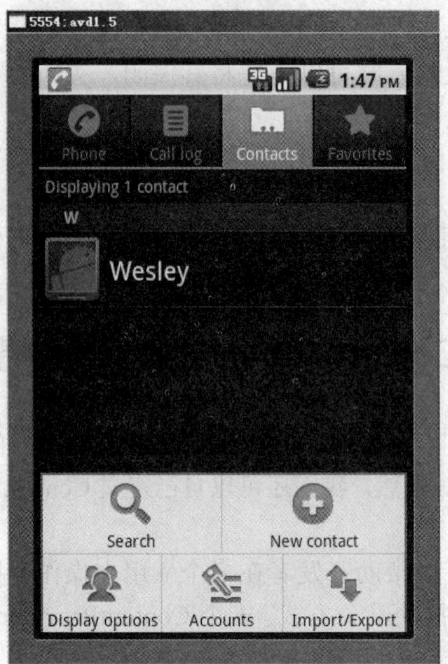

图 11-2 menu

然后单击 New contact 按钮，在弹出的如图 11-3 的对话框中输入相关信息。完成后单击 Done，这样就已经成功地创建了联系人，你可以多创建几个，这样我们的程序运行起来效果可能更好一些。

图 11-3 创建联系人

接下来，我们新建一个 Android 工程，将继承的 Activity 改为 ListActivity，我们只需要 3 个步骤：

（1）查询联系人列表获得 Cursor 对象，方法为：

```
managedQuery(Uri uri, String[] projection, String selection, String[] selectionArgs, String sortOrder)
```

（2）新建 Adapter：

```
ListAdapter adapter = new SimpleCursorAdapter(Context context, int layout, Cursor c, String[] from, int[] to)
```

（3）设置 Adapter:

```
setListAdapter(adapter);
```

现在我们运行一下，效果如图 11-4 所示。

图 11-4　通讯录

11.4.3　在 Content Provider 中修改数据

Contentprovider 并非只是静态的数据资源，他们同时可以用来添加、修改和删除数据，但我们必须拥有适当的许可权限来执行这些操作。

1．添加记录

在使用 Contacts Content Provider 时，我们可以使用程序向联系人数据库中添加新的记录。

```
ContentValues  values=new  ContentValues();

values.put(Contacts.People.NAME,"Sample  User");

Uri  uri=getContentResolver().insert(
        Contacts.People.CONTENT_URI,values);


Uri  phoneUri=Uri.withAppendenPath(uri,
       Contacts.People.Phones.CONTENT_DIRECTORY);

values.clear();
```

```
values.put(Contacts.Phopnes.NUMBER,"2125551212");
values.put(Contacts.Phone.TYPE,Contacts.Phones.TYPE_WORK);

getContentResolver().insert(phoneUri,values);
```

2. 修改记录

下面的代码段显示了如何更新 Content Provider 中的数据。在这个例子中，我们使用其唯一标识符更新了特定联系人的说明字段。

```
ContentValues values=new ContentValues();
Values.put(people.Notes,"This is my boss");
Uri updateUri=ContentUris.withAppendedId(People.Content_URL,rowID);
Int rows=getContentUris.withAppendedId(People.CONTENT_URI,rowId)
Log.d(debugTag,"Rows    updated:"+rows);
```

更新数据时，可以使用过滤器值，它允许同时对多行数据进行修改。Content Provider 必须支持这一功能，因为它可以避免开发人员对联系人进行大面积的灾难性的修改。

3. 删除记录

删除数据相对于比较直接，下面的代码删除了给定的 URI 上所有的数据行，代码如下：

```
int rows=
getContrntResolver().delete(People.CONTENT_URL,null,null);
Log.d(debugTag,"Rows"+rows);
```

Delete()方法根据可选参数的限定删除给定 URI 上的所有符合条件的数据行。但在上面的例子中，它包含了所有的 People.CONTENT_URI 下的数据行，也就是所有联系人记录。

11.5 使用自定义 Content Provider 扩展 Android 应用程序

要成为一个 ContentProvider 需要实现一组标准的接口，完成后还需在 AndroidManifest 文件中进行注册。

11.5.1 继承 Content Provider

既然要实现 ContentProvider，那么一定要拥有自己的数据，为了简便，这里就利用 9.4 节中实例的数据来完成 ContentProvider 的讲解。

首先，我们从直观上了解 ContentProvider 的结构，以便梳理我们即将要进行的工作，在 DatabaseDemo_2 工程中新建一个 Class 文件，命名为 MyProvider，继承自 ContentProvider。

11.5.2 定义数据 URI

URI 是 Universal Resource Identifier 的缩写，也就是通用资源标志符的意思。它的作用就是告诉使用者，数据的具体位置，所以在 URI 中一定包含有数据的路径。事实上，在 Android 的 URI 中主要包括 3 个部分：

（1）content：//，Android 命名机制规定所有的内容提供者 URI 必须以 content：//开头。

（2）数据路径，正如前文所说，通过该路径的其他的应用程序可以顺利地找到具体数据。

（3）ID，这个是可选的，如果不填表示取得所有的数据。

众所周知，要访问 ContentProvider 必须使用 URI 来寻找到其具体的位置，那么作为一个

ContentProvider，我们必须提供一个 URI，名称为 CONTENT_URI。且以 content：//开头。一般情况下，它包含 3 个部分：

头部：content：//；

授权：authority，一般可以填写完整的类名，以保证唯一；

表名：你需要暴露的数据的表名，该部分可以不填写。

11.5.3　定义数据列

所有使用该 Provider 的用户都必须知道其提供的数据究竟有哪些。所以我们必须要在类中加以定义，本实例中我们可以提供如下的数据列以供查询：

```
public final static String NAME = "name";
public final static String SEX = "sex";
public final static String AGE = "age";
public final static String HOBBY = "hobby";
public final static String PASSWORD = "password";
```

11.5.4　实现 query()、insert()、update()、delete()和 getType()

1．实现 query()方法

ContentProvider 的接口标准规定，query()方法的返回值必须是一个 Cursor 对象，事实上，该 query()方法的实现只是对 SQLiteQueryBuilder.query()方法的再封装。

2．实现 insert()方法

Insert()方法的作用是插入记录，其参数有两个，一个是 URI，另一个是要插入的数据 ContentValues。插入方法的实现比较简单，只需简单调用方法：

```
SQLiteDatabase.insert(String table, String nullColumnHack, ContentValues values)
```

3．实现 update()方法

更新数据的方法我们同样分为以下步骤：

（1）URI 匹配，确定 URI 指向表还是表中的特定记录；

（2）如果是执行特定记录，在条件中添加 id=？。如果不是则直接使用参数执行更新；

（3）通知数据改变。

4．实现 delete()方法

如 update()方法类似，delete()方法只需在 update()方法的结构基础上稍作修改。

5．实现 getType()方法

该方法的作用是针对传递进来的 Uri 参数进行判断，最后将类型返回。按照 Android SDK 的指导，我们使用了 CURSOR_ITEM_BASE_TYPE 和 CURSOR_DIR_BASE_TYPE 来区分针对特定 Id 的类型和针对目录的类型。

11.5.5　更新 Manifest 文件

实现完 ContentProvider 文件后不要忘记更新注册文件，provider 的注册需要两个部分：（1）类名，（2）授权。其语法为：

```
<provider android:name="com.wes.Chapter8.MyProvider"
    android:authorities="com.wes.Chapter8.MyProvider"
    android:multiprocess="true"/>
```

11.6 使用 Live Folder

LiveFolder 插件的本质是一个特殊的 Activity 和一个特殊的 ContentProvider。Activity 需要支持特殊的 Intent 动作，负责创建 LiveFolder，并通过 URI 关联到某个 ContentProvider；ContentProvider 负责提供 LiveFolder 中使用的各个项目的内容。

当用户选择创建一个 LiveFolder 时，Android 系统提供一个所有能够相应 ACTION_CREATE_LIVE_FOLDER Intent 的 Activity 列表。如果用户选择了你的 Activity，那么这个 Activity 将创建 LiveFolder 并且使用 setResult()方法将其传回给系统。

LiveFolder 由以下几个组件构成。

（1）文件夹名称

（2）文件夹图标

（3）显示模式

（4）为文件提供内容的 Content Provider URI。

让 Content Provider 为 LiveFolder 提供数据的首要任务是为需要处理可用 LiveFolder 的 Activity 提供一个<intent-filter>。这通过 AndroidMainfest.xml 文件实现，如下所示：

```
<intent-filter>
  <action android:name="android.intent.action.CREATE_LIVE_FOLDER"/>
<category android:name="android.intent.category.DEFAULT"/>
</intent-filter>
```

下面需要在已被的 Activity 的 onCreate()方法中处理这一行为。

```
Super.onCreate(savedInstanceState);
final Intent intent=getIntent();
final String action=intent.getAction();
if(LiveFolders.ACTION_CREATE_LIVE_FOLDER.equals(action))
{   final Intent resultIntent=new intent();
    resultIntent.setData(TrackpointProvider.LIVE_URI);
    resultIntent.putExtra(LiveFolders.EXTER_LIVE_FOLDER_NAME,"GPX Sample");
    resultIntent.putExtra(LiveFolders.EXTER_LIVE_FOLDER_ICON,
    Intent.ShortcutIconResource.fromContext(this,R.drawable.icon));
    resultIntent.putExtra(LiveFolders.EXTER_LIVE_FOLDER_DISPLAY_MODE,
    LiveFolders.DISPLAY_MODE_LIST));
    setResult(RESULT_OK,resultIntent);
}//…onCreate()方法的剩余代码
```

上面的代码定义了 LiverFolder 的核心组件：名称、图标、显示模式和 URI。其中 URI 并不与现存的完全相同，因为它还需要某些特定的字段。

小结

1．数据存储的方式宏观上有两种：本地存储和网络存储。

2．首选项可以帮助用户很快地保存一些数据项，并共享给当前应用程序或者其他应用程序。它包括私有首选项和共享首选项。

下面的代码实现了 Activity 的私有首选项：

```
Import android.content.SharedPreferences;
…
SharedPreferences settingActivity=getPreferences(MODE_PRIVATE);
```

创建共享首选项：

```
Import android.content.SharedPreferences;
…
SharedPreferences settings=getSharedPreferences("MyCustomSharedPreferences",0);
```

3．可以对首选项进行搜索、读取、增加、修改和删除操作。

4．Android 应用程序包括 Context.openFileInput()：打开应用程序文件以供读取，Context.openFileOutput()：创建或打开应用程序文件以供写入，Context.deleteFile():通过名称删除应用程序文件。Context.fileList()：获得所有位于/files 子目录下的文件，Context.getfilesDir()：获取应用程序/files 子目录对象，Context.getcacheDir()：获取应用程序/files 子目录对象，Context.getDir()：根据名称获取或创建一个应用程序子目录。

5．SQLLiteDatabase 类包含 3 个数据操作，分别为：插入 insert()、修改 update()和删除 delete()。

插入：SQLiteDatabase.insert(String table, String nullColumnHack, ContentValues values)

修改：SQLiteDatabase.update(String table, ContentValues values, String whereClause, String[] whereArgs)

删除：SQLiteDatabase.delete(String table, String whereClause, String[] whereArgs)

6．Content Provider 内容提供者就是将私有的数据暴露给其他的使用者，进行数据操作。

7．创建一个 Android 工程，将 Activity 改为 ListActivity 步骤：

（1）查询联系人列表获得 Cursor 对象

（2）新建 Adapter

（3）设置 Adapter

8．URI 是 Universal Resource Identifier 的缩写，也就是通用资源标志符的意思。它的作用就是告诉使用者，数据的具体位置，所以在 URI 中一定包含有数据的路径。

9．LiveFolder 的组成：文件夹名称、文件夹图标、显示模式和为文件提供内容的 Content Provider URI。

本章讲解了 Android 编程过程中的一些数据操作，包括 SharedPreferences、文件存储以及 SQLite 数据库存储。还讲解了将私有数据共享给其他应用的方法——ContentProvider。重点是轻量级数据库的学习，包括查询，插入、更新、删除等操作。

第 12 章　Android 网络应用

12.1　访问因特网（HTTP）

常用的网络数据传输方式是 HTTP（HyperText Transfer Protocol，超文本转移协议），HTTP 协议是一种通信协议，它允许将 HTML（超文本标记语言）文档从 Web 服务器传送到 Web 浏览器，是互联网上应用最为广泛的网络传输协议之一。它可以使浏览器更加高效，使网络传输减少。它不仅保证计算机正确快速地传输超文本文档，还确定传输文档中的哪一部分，以及哪部分内容首先显示（如文本先于图形）等。我们可以使用它来封装几乎所有的类型数据，并可以使用加密套接字协议层来保障数据的安全性，Android 开发之所以采用 HTTP 是因为它所使用的大多数端口通常可以在手机网络上打开。

HTTP 协议详细的规定了浏览器和万维网服务器之间的通信规则。客户机和服务器必须都支持 HTTP 协议，才能在万维网上发送和接收 HTML 文档并进行交互。

12.1.1　从 Web 读取数据

通过一个 URL 类来读取 Web 服务器上的某个文件的定长部分。从 Web 读取数据的缺点是：

- 方法简单，但不严谨。
- 对错误没有很好的处理方法。
- 在从 URL 读取数据之前需要了解更多的信息。

下面我们开看一下它的实现，代码如下：

```
Import    java.io.Inputstream;
Import    java.net.URL;
//…
Try {
URL    text=new    URL(
"http://api.flickr.com/services/feeds/photos_public.gne?id=
26648248@N04&amp;lang=en-us&amp;format=atom");
InputStream isText=text.openStream();
Byte[] bText=new byte[250];
Int readSize=isText.read(bText);
Log.i("net","readSize="+readSize);
Log.i("net","bText="+new    String(bText));
isText.close();
}catch (Expection    e){
Log.e("net","Error    in      network    call",e);
}
```

在我们从 Web 读取数据时，一定要考虑身边的网络状况，只有网络畅通时，才能顺畅的读取所需的数据。为了 Android 应用程序能够正常的使用网络特性，需要有相应的许可权，需要在 AndroidManifest.XML 文件中包含下面的表达式：

```
<uses-permission android:name="android.premission.INTERNET"/>
```

12.1.2　使用 HttpURLConnection

HttpURLConnection 对象可对 URL 进行侦查，避免错误地传输过多的数据。HttpURLConnection 获取一些有关 URL 对象所引用的资源信息，包括 HTTP 状态和头信息、内容的长度、类型和日期时间等。HTTP 通信中使用最多的就是 get 和 post，get 请求可以获取静态页面，也可以把参数放在 URL 字串后面，传递给服务器。Post 与 Get 的不同之处在于 Post 的参数不是放在 URL 字串里面，而是放在 http 请求数据中。HttpURLConnection 是 Java 的标准类，继承自 URLConnection 类，URLConnection 与 HttpURLConnection 都是抽象类，无法直接实例化对象。

下面是一个 HttpURLConnection 的简短示例，它查询了上面我们使用过的那个 URL 地址：

```
Import    java.io.inputStream;
Import    java.net.HttpURLConnection;
Import    java.net.URL;
//…
URL   text=new   URL{
http://api.flickr.com/services/feeds/photos_public.gne?id=26648248@N04&amp;lang=en-us&amp;format=atom);
HttpURLConnection   Http=(HttpURLConnection)text.openConnection();
Log.i("Net","length="+http.getContentLenght());
Log.i("Net","respCode="+http.getResponseCode());
Log.i("Net","contentType="+http.getContentLenght());
Log.i("Net","content="+http.getContent ());
```

上面的代码中的 Log 行演示了 HttpURLConnection 类的几个重要方法的使用。如果 URL 的内容被验证是正确的，那么之后你可以强调用 Http.getInputStream()方法来获得一个与之前相同的 InputStream 对象。

12.1.3　解析从网络获取的 XML

大部分网络资源的传输存储在一种结构化的形式中，它称为“可扩展标记语言”。从网络解析 XML 类似于解析 XML 资源文件系统中的原始文件。Android 提供了一种快速而高效的 XML Pull Parser，它是网络应用程序解析器的首选。

下面我们通过代码来实现使用 XML Pull Parser 从 flickr.com 读取一个 XML 文件，并且从中提取出一定的信息。一个名为 status 的 Textview 在这段代码之前已经进行了关联，它可以显示解析操作的状态。

```
import java.net.URL;
import org.xmlpull.v1.XmlPullParser;
import org.xmlpull.v1.XmlPullParserFactory;
//...

URL text=new URL{
    "http://api.flickr.com/sercices/feeds/photos_public.gne" +
```

```
            " ?id=26648248@N04&amp");
        XmlOullParserFactory parserCreator=
                XmlOullParserFactory.newInstance();
        XmlOullParser parser=parserCreator.newPullParser();
        parser.setInput(text.openStream(),null);
        status.setText("Parsing...");
        int parserEvent!=parser.getEventType();
        while(parserEvent!=XmlPullParser.END_DOCUMENT){
                switch(parserEvent){
                String tag=parser.getName();
                        if(tag.compareTo("link")==0){
                                String relType=
                                        parser.getAttributeValue(null,"rel");
                                if(relType.compareTo("enclosure")==0){
                                        String encType=parser.getAttributeVlaue(null,"type");
                                        if(encType.startWith("image/")){
                                                String imageSrc=parser.getAttributeVlaue(null,"href");
                                                        Log.i("NET","image source="+imageSrc);
                                        }
                                }
                        }
                        break;
                }
                parserEvent=parser.next();
        }
    status.setText("Done...");
```

上述的例子完成了对 URL 的创建，下面需要从 XmlPullParserFactory 中获取一个 XmlPullParser 实例。Pull Parser 拥有一个主方法，它可以返回下一个事件。而在这里我们唯一检测到的事件为 START-TAG 事件，它用于指定一个 XML 标记开始。另外解析器还可以用来输入验证。

12.1.4 使用线程访问网络

对于 Android 线程，当一个程序第一次启动时，Android 会同时启动一个对应的主线程（通常又被叫做 UI 线程），主线程主要负责处理与 UI 相关的事件。如：用户的按键事件，用户接触屏幕的事件以及屏幕绘图事件，并把相关的事件分发到对应的组件进行处理。在开发 Android 应用时必须遵守单线程模型的原则：Android UI 操作并不是线程安全的，并且这些操作必须在 UI 线程中执行。单线程模式常常会引起 Android 应用程序性能的低下，因为所有的任务都在同一个线程中执行，当加入了超时机制或附加处理之后，会阻塞整个用户界面，这时我们应该将一些耗时的操作从 UI 线程中移走，开启线程来执行这些任务，以带给用户流畅的体验。目前所使用的网络操作方式会造成 UI 线程的阻塞，直到网络操作完成为止。

12.1.5 显示从网络资源获取的图像

之前我们了解到了在单独的线程中解析 XML，那么它是如何实现的呢？下面我们通过一个例子来学习一下如何使用一些原始的数据类型。

我们来显示一些从种子中获取的图像信息并在屏幕上显示出来，它演示了使用网络资源的另一种方式：

```
import java.io.InputStream;
import java.net.URL;
import org.xmlpull.v1.XmlPullParser;
import org.xmlpull.v1.XmlPullParserFactory;
import android.os.Handler;
//...
final String imageSrc=
        parser.getAttributeValue(null,"href");
 final String currentTitle= new String (title);
 imageThread.queueEvent(new    Runnable() {
        public void run() {
                InputStream bmis;
                try{
                        bmis =new URL(imageSrc).openStream();
                        final Drawble image=new BitmaDrawable(
                                        BitmapFactory.decodeStream(bmis));
                        mHandler.post(new new Runnable() {
                                public void run() {
                                        imageSwitcher.setImageDrawable(image);
                                        info.setTest(currentTitle);
                                }
                        });
                }catch (Exception e) {
                        Log.e("Net","Failed to grab image",e);
                }
        )
})
```

在确定了图像资源和标题后，一个新的 Runnable 对象加入了队列，以在单独的线程中执行图像处理。该线程仅仅是一个简单的队列，它接收匿名的 Runnable 对象，然后上一个运行完成至少 10S 后执行它，这样就实现了将图片进行幻灯片放映的效果。

虽然上面的代码对于本地资源和 URL 都适应，但对于一些通过低速链接访问的资源来讲，或许不能正常工作。那么我们会在代码中提供一种相对直接的办法来解决，如同一个网络应用实例一样，首先我们需要创建一个新的 URL 对象，并且从中提取出 InputStream。之后我们调用了 BitmapFactory.decodeStream()方法。最后，从这个运行在其他线程的 Runnable 对象开始，隔一段时间后，又会有一个匿名的 Runnable 对象被传回主线程，从而使新的图像实际地修改 ImageSwitcher。

12.1.6　获取 Android 网络状态

随着 3G 和 Wifi 的推广，越来越多的 Android 应用程序需要调用网络资源，检测网络连接状态也就成为网络应用程序所必备的功能。Android 平台提供了 ConnectivityManager 类，用于网络连接状态的检测。Android 开发文档这样描述 ConnectivityManager 的作用：

Class that answers queries about the state of network connectivity. It also notifies applications when network

connectivity changes. Get an instance of this class by calling
Context.getSystemService(Context.CONNECTIVITY_SERVICE).
The primary responsibilities of this class are to:
1.Monitor network connections (Wi-Fi, GPRS, UMTS, etc.)
2.Send broadcast intents when network connectivity changes
3.Attempt to "fail over" to another network when connectivity to a network is lost
4.Provide an API that allows applications to query the coarse-grained or fine-grained state of the available networks

下面这个简单的例子 checkNetworkInfo()说明了如何编程获取 Android 手机的当前网络状态。

```
Private   void   checkNetworkInfo()
      { ConnectivityManager conMan = (ConnectivityManager) getSystemService(Context.
                                                CONNECTIVITY_SERVICE);
            //mobile 3G Data Network
                State mobile=
            conMan.getNetworkInfo (ConnectivityManager.TYPE_MOBILE). getState();
                txt3G.setText(mobile.toString()); //显示 3G 网络连接状态
            //wifi
              State wifi =
            conMan.getNetworkInfo(ConnectivityManager.TYPE_WIFI).getState();
                        txtWifi.setText(wifi.toString()); //显示 wifi 连接状态
}
```

注：根据 Android 的安全机制，在使用 ConnectivityManager 时，必须在 AndroidManifest.xml 中添加

```
<uses-permission
android:name="android.permission.ACCESS_NETWORK_STATE" />
```

否则无法获得系统的许可。

运行结果如图 12-1 所示（关闭 3G 及 WIFI 网络连接的状态下）。

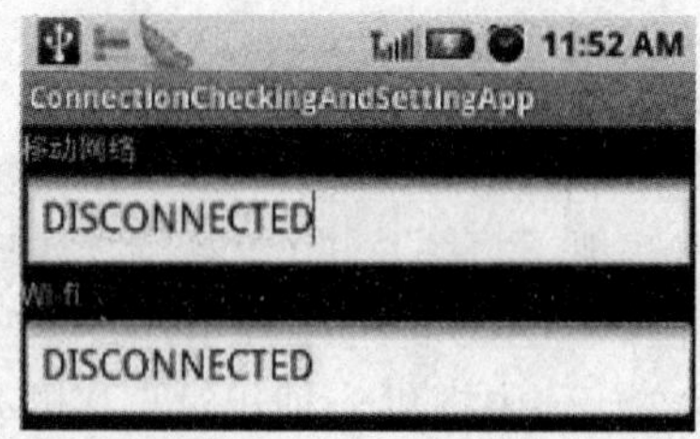

图 12-1　设置网络

12.2　使用 WebView 浏览 Web

这里我们初步体验一下在 Android 是使用 WebView 浏览网页，在 SDK 的 Dev Guide 中有一个 WebView 的简单例子。在开发过程中应该注意几点。

（1）AndroidManifest.xml 中必须使用许可"android.permission.INTERNET"，否则会出 Web page not available 错误。

（2）如果访问的页面中有 Javascript，则 webview 必须设置支持 Javascript。

```
webview.getSettings().setJavaScriptEnabled(true);
```

（3）如果页面中链接，如果希望单击链接继续在当前 browser 中响应，而不是新开 Android 的系统 browser 中响应该链接，必须覆盖 webview 的 WebViewClient 对象。

```
mWebView.setWebViewClient(new WebViewClient(){
    public boolean shouldOverrideUrlLoading(WebView view, String url) {
        view.loadUrl(url);
            return true;
        }
    });
```

（4）如果不做任何处理，浏览网页，单击系统 Back 键，整个 Browser 会调用 finish()而结束自身，如果希望浏览的网页回退而不是推出浏览器，需要在当前 Activity 中处理并消费掉该 Back 事件。

```
Pubic boolean onKeyDown(int keyCode, KeyEvent event) {
    if ((keyCode == KeyEvent.KEYCODE_BACK) && mWebView.canGoBack()) {
    mWebView.goBack();
    return true;
    }
    return super.onKeyDown(keyCode, event);
}
```

下一步让我们来了解一下 Android 中 WeBview 是如何支持 javascripte 自定义对象的。在 w3c 标准中 js 有 window，history，document 等标准对象，同样我们可以在开发浏览器时自己定义我们的对象调用手机系统功能来处理，这样使用 js 就可以为所欲为了。

```
View plaincopy to clipboardprint?
public class WebViewDemo extends Activity {
    private WebView mWebView;
    private Handler mHandler = new Handler();
    public void onCreate(Bundle icicle) {
        super.onCreate(icicle);
        setContentView(R.layout.webviewdemo);
        mWebView = (WebView) findViewById(R.id.webview);
        WebSettings webSettings = mWebView.getSettings();
        webSettings.setJavaScriptEnabled(true);
    mWebView.addJavascriptInterface(new Object() {
            public void clickOnAndroid() {
      mHandler.post(new Runnable() {
            public void run() {
                    mWebView.loadUrl("javascript:wave()");
                    }
                });
            }
        }, "demo");
        mWebView.loadUrl("file:///android_asset/demo.html");
    }
}
```

我们看 addJavascriptInterface(Object obj,String interfaceName)这个方法，该方法将一个 Java 对象绑定到一个 JavaScript 对象中，JavaScript 对象名就是 interfaceName（demo），作用域是

Global。这样初始化 WebView 后，在 WebView 加载的页面中就可以直接通过 javascript:window.demo 访问到绑定的 Java 对象了。来看看在 html 中是怎样调用的。

```
<html>
    <mce:script language="javascript"><!--
        function wave() {
 document.getElementById("droid").src="android_waving.png";
                }

// --></mce:script>
            <body>
                <a onClick="window.demo.clickOnAndroid()">
                    <img id="droid" src="android_normal.png"
mce_src="android_normal.png"/><br>
                                        Click me!
                </a>
            </body>
</html>
```

这样在 JavaScript 中就可以调用 Java 对象的 clickOnAndroid()方法了，同样我们可以在此对象中定义很多方法（比如发短信，调用联系人列表等手机系统功能）。这里 wave()方法是 Java 中调用 JavaScript 的例子。

小结

1．HTTP 协议（HyperText Transfer Protocol，超文本转移协议）是用于从 WWW 服务器传输超文本到本地浏览器的传送协议。

2．从 Web 读取数据的缺点是：

- 方法简单，但不严谨。
- 对错误没有很好的处理方法。
- 在从 URL 读取数据之前需要了解更多的信息。

3．HttpURLConnection 对象获取关于 URL 对象所引用的资源信息，并对 URL 进行侦查，避免错误地传输过多的数据。

4．对于 Android 线程，当一个程序第一次启动时，Android 会同时启动一个对应的主线程（通常又被叫做 UI 线程），主线程主要负责处理与 UI 相关的事件。

5．单线程模型的原则：Android UI 操作并不是线程安全的，并且这些操作必须在 UI 线程中执行。

第 13 章　位置服务以及多媒体

13.1　使用全球定位服务（GPS）

全球定位系统（Global Positioning System，简称 GPS），又称全球卫星定位系统，它可以为地球表面绝大部分地区（98%）提供准确的定位、测速和高精度的时间标准。全球定位系统可满足位于全球任何地方或近地空间的军事用户连续精确的确定三维位置、三维运动和时间的需要。在 Android 系统中可以通过 android.location 类来使用移动设备提供 GPS 定位服务。

GPS 定位服务的中心组件是 LocationManager 系统服务，它提供 API 来确定位置和方位。调用 getSystemService 方法可以获取 LocationManager 系统服务。获取 GPS 信息时，还会用到一些类或接口，例如：

- LocationManager：可以获取系统的定位服务。该服务允许应用程序定期获得 GPS 地理位置的更新数据，或者当设备进入或接近某一位置时关闭应用程序的 Intent。
- Location 类：可以表示某一特定时间移动设备所在地理位置的相关性。
- LocationProvider 类：是一个提供定位服务的抽象超类，供用户定期报告移动设备所在地理位置的数据信息。
- LocationListener 接口：当移动设备的位置发生变化时，LocationListener 接口将接受来自 LocationManager 的通知。
- Criteria 类：当要为地理位置信息的获取设置查询条件时，需要创建一个 Criteria 对象。

使用全球定位服务可以查看你的位置和定位你的模拟器，若要确定设备所在的位置，需要以下的步骤来实现：

（1）使用 Location_service 参数调用 getSystemService()方法，获取一个 LocationManager 实例。

（2）在 AndroidManifest.xml 文件中加入适当的许可权限，这取决于应用程序所获取的位置信息类型。

（3）使用 getAllProviders()方法或 getBestProvider()方法选择一个服务提供方。

（4）实现 LocationListener 类。

（5）使用所选的服务提供方和 LocationListener 对象，通过调用 requestLocationUpdates()方法启动位置信息的接受。

在获取 LocationManager 对象时并不需要特殊的许可权限，许可权限用于选择可用的服务提供方。应用程序可能想要将这些位置信息转换成一个地址，并且显示在某个嵌入的地图上，或者运行内置的地图应用程序一次为中心点显示周边地址。定位你的模拟器，androidSDK 提供一种模拟位置数据的方法，通过使用 GPX 或 KML 文件提供一个单一位置点来实现。

13.2 位置地理编码

确定经纬度对于精确定位和跟踪、测量非常有用，但是缺乏直观性。Geocoder 对象不仅可以在没有权限的条件下使用，并且还支持通过命名的位置或地址来获取其对应的经纬度信息。

第一：当使用 GPS 定位时，最好不要使用 getLastKnownLocation 方法获得当前位置对象 Location，因为该对象可以在 onLocationChanged 的参数中由系统给予（根据文档，getLastKnownLocation 有 2 方面功能：①获取当前地理位置；②如果当前位置定位不成功，则可以用此方法获取缓存中的上一次打开地图时定位的地理位置）。这样就避免了空指针异常。而且更重要的是 GPS 定位不是一下子就能定位成功的，在 90%以上的情况下，getLastKnownLocation 返回 null。

第二：LocationListener 最好在 Activity 的 onCreate()方法中进行实例化实现系统的回调方法：

```
onLocationChanged(final Location loc)
onProviderDisabled(final String s)
onProviderEnabled(final String s)
onStatusChanged(final String s, final int i, final Bundle b)
```

第三：requestLocationUpdates 必须要在 onResume()中进行注册监听，且在 onPause()中进行反注册。

第四：测试 GPS 是否定位成功，去一个空旷的地方去，不要有遮挡。这点非常重要，不然，你永远也不知道自己 GPS 定位是否成功。

13.3 在地图上标注位置

能方便快捷地测定出点位坐标，无论是操作上还是精度上，比全站仪等其他常规测量设备有明显的优越性。随着我国各地 GPS 差分台站的不断建立以及美国 SA 政策的取消，使得单机定位的精度大大提高，有的已经达到了亚米级精度，能够满足国土资源调查、土地利用更新、遥感监测、海域使用权清查等工作的应用。在一般情况下，我们使用的是 1954 年北京坐标系或 1980 年西安坐标系（以下分别简称 54 系和 80 系），而 GPS 测定的坐标是 WGS-84 坐标系坐标，需要进行坐标系转换。对于非测量专业的工作人员来说，虽然 GPS 定位操作非常容易，但坐标转换则难以掌握，Excel 是比较普及的电子表格软件，能够处理较复杂的数学运算，用它来进行 GPS 坐标转换、面积计算会非常轻松自如。要进行坐标系转换，离不开高斯投影换算。

13.4 位置服务扩展应用

邻近警告是指 Android 设备处于临近位置时触发的警报，是位置服务扩展的典型代表。邻近位置是指 Android 设备处于以目标位置为中心的圆形区域内的位置，addProximiteAlert 方法需要确定精度、纬度、邻近区域半径和失效距离、当触发警报时要完成的动作这些的参数才能确定邻近警报的范围。

13.5　操作静态图像

我们所熟知的摄像机记录的是动态图像，而照相机记录的是静态图片，也就是图片、照片等。Android 除了可以调用系统的拍照功能外，还可以选择拍照界面、光线等，从而实现更加复杂而完美的画面。

Android 拍照的核心类是 android.hardware.Camera，通过 Camera.open 方法可以获得拍摄对象，并通过 Camera.startPreview 方法开始拍照，最后通过 Camera.takePicture 结束拍照。

13.6　使用视频

Android 系统支持的视频文件格式有 3GP 和 MP4。Android 系统播放的视频文件一定存储在 SD 卡或 Android 系统文件中。Android SDK 提供了多种方式播放视频资源，使用视频主要包括录制和播放。手机自带的摄像头不仅可以拍照还可以录像，同时我们还可以通过程序来调用系统的摄像功能。之前有讲过如何使用 SurfaceView 配合 MediaPlayer 播放视频，其实 Android 还为开发人员提供了另外一种更简单的播放视频媒体的方式，那就是 VideoView。VideoView 用于播放一段视频媒体，它继承了 SurfaceView，位于 android.widget.VideoView，是一个视频控件，它可以播放 H.264、3GP 和 WMV 格式的视频文件。

下面提供了一系列方法：

- Public Boolean canPause()：判断是否能够暂停播放视频。
- Public Boolean canSeekBackward()：判断是否能够倒退。
- Public Boolean canSeekForward()：判断是否能够快进。
- Public in getCurrentPosition()：获得当前的位置。
- Public in getDuration()：获得所播放视频的总时间。
- Public Boolean isPlaying()：判断是否正在播放视频。
- Public void pause()：暂停播放视频。

这里我们简单的介绍了几种方法的意思，还有许多其他方法读者可以查阅相关资料。

完整的视频录制和播放代码如下：

```
package cn.itcast.videoplayer;
import java.io.File;
import android.app.Activity;
import android.media.MediaPlayer;
import android.media.MediaPlayer.OnPreparedListener;
import android.os.Bundle;
import android.os.Environment;
import android.view.SurfaceHolder;
import android.view.SurfaceHolder.Callback;
import android.view.SurfaceView;
import android.view.View;
import android.widget.EditText;
import android.widget.Toast;
public class MainActivity extends Activity {
```

```
        private EditText nameText;
        private String path;
        private MediaPlayer mediaPlayer;
        private SurfaceView surfaceView;
        private boolean pause;
        private int position;
    @Override
    public void onCreate(Bundle savedInstanceState) {
        super.onCreate(savedInstanceState);
        setContentView(R.layout.main);
        mediaPlayer = new MediaPlayer();
        nameText = (EditText) this.findViewById(R.id.filename);
        surfaceView = (SurfaceView) this.findViewById(R.id.surfaceView);
    //把输送给 surfaceView 的视频画面，直接显示到屏幕上,不要维持它自身的缓冲区
        surfaceView.getHolder().setType(SurfaceHolder.SURFACE_TYPE_PUSH_BUFFERS);
        surfaceView.getHolder().setFixedSize(176, 144);
        surfaceView.getHolder().setKeepScreenOn(true);
        surfaceView.getHolder().addCallback(new SurfaceCallback());
    }
    private final class SurfaceCallback implements Callback{
        public void surfaceChanged(SurfaceHolder holder, int format, int width, int height) {
    }
        public void surfaceCreated(SurfaceHolder holder) {
            if(position>0 && path!=null){
            play(position);
            position = 0;
        }
    }
        public void surfaceDestroyed(SurfaceHolder holder) {
            if(mediaPlayer.isPlaying())
            {       position = mediaPlayer.getCurrentPosition();
                mediaPlayer.stop();
            }
        }
    }
    @Override
    protected void onDestroy() {
    mediaPlayer.release();
    mediaPlayer = null;
    super.onDestroy();
    }
    public void mediaplay(View v){
    switch (v.getId()) {
    case R.id.playbutton:
    String filename = nameText.getText().toString();
    if(filename.startsWith("http")){
    path = filename;
    play(0);
    }else{
    File file = new File(Environment.getExternalStorageDirectory(), filename);
    if(file.exists()){
    path = file.getAbsolutePath();
```

```
play(0);
}else{
path = null;
Toast.makeText(this, R.string.filenoexsit, 1).show();
}
}
break;
case R.id.pausebutton:
if(mediaPlayer.isPlaying()){
mediaPlayer.pause();
pause = true;
}else{
if(pause){
mediaPlayer.start();
pause = false;
}
}
break;
case R.id.resetbutton:
if(mediaPlayer.isPlaying()){
mediaPlayer.seekTo(0);
}else{
if(path!=null){
play(0);
}
}
break;
case R.id.stopbutton:
if(mediaPlayer.isPlaying()){
mediaPlayer.stop();
}
break;
}
}
private void play(int position) {
try {
mediaPlayer.reset();
mediaPlayer.setDataSource(path);
mediaPlayer.setDisplay(surfaceView.getHolder());
mediaPlayer.prepare();//缓冲
mediaPlayer.setOnPreparedListener(new PrepareListener(position));
} catch (Exception e) {
e.printStackTrace();
}
}
private final class PrepareListener implements OnPreparedListener{
private int position;
public PrepareListener(int position) {
this.position = position;
}
public void onPrepared(MediaPlayer mp) {
mediaPlayer.start();//播放视频
```

```
if(position>0) mediaPlayer.seekTo(position);
}
}
}
```

13.7 使用音频

Android 可以播放多种格式的音频文件，但最常用是 MP3 格式。音频资源来自于存储在应用程序中的本地资源、存储在文件系统中的标准音频文件以及通过网络获得的数据流。我们使用 MediaPlayer 控件来播放音频文件，使用 MediaRecorder 控件通过手机的麦克风来进行录音，并将其保存成音频文件。

Android 系统使用 MediaPlayer 类来播放音频，如图 13-1 所示显示一个 MediaPlayer 对象被支持的播放控制操作驱动的生命周期和状态。椭圆代表 MediaPlayer 对象可能驻留的状态。弧线表示驱动 MediaPlayer 在各个状态之间迁移的播放控制操作。这里有两种类型的弧线。由一个箭头开始的弧代表同步的方法调用，而以双箭头开头的弧线代表异步方法调用。

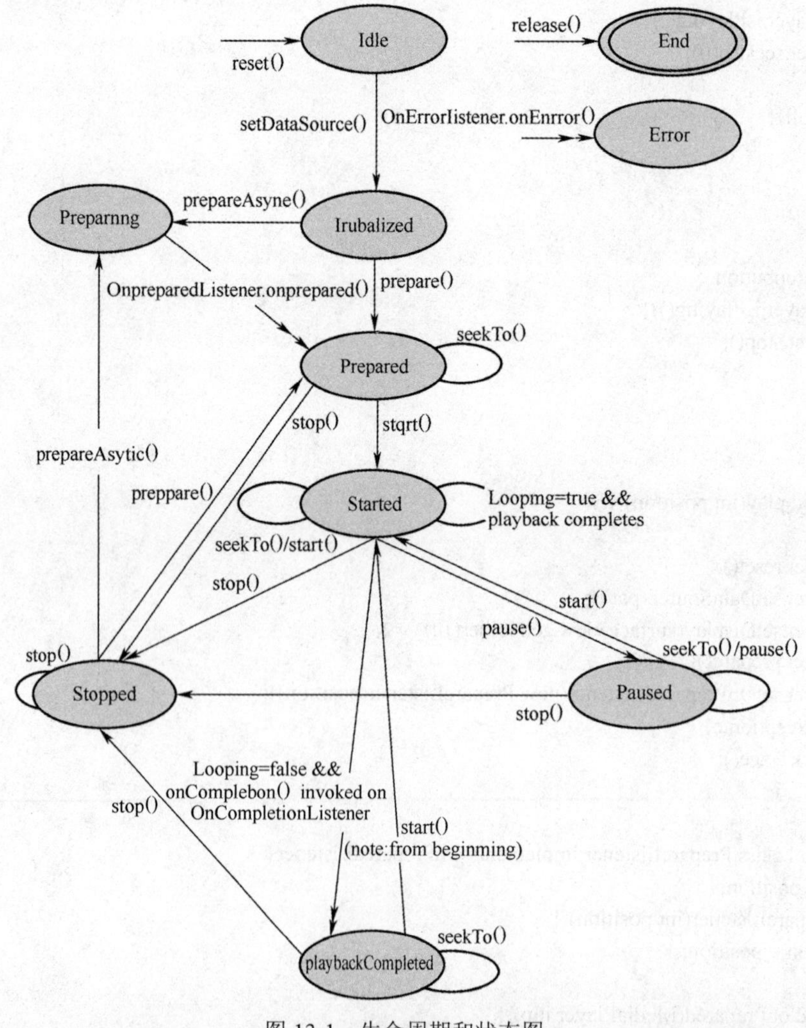

图 13-1 生命周期和状态图

通过这张图，我们可以知道一个 MediaPlayer 对象有以下的状态：

（1）当一个 MediaPlayer 对象被刚刚用 new 操作符创建或是调用了 reset()方法后，它就处于 Idle 状态。当调用了 release()方法后，它就处于 End 状态。这两种状态之间是 MediaPlayer 对象的生命周期。

（2）在一般情况下，由于种种原因一些播放控制操作可能会失败，如不支持的音频/视频格式，缺少隔行扫描的音频/视频，分辨率太高，流超时等原因。因此，错误报告和恢复在这种情况下是非常重要的。有时，由于编程错误，在处于无效状态的情况下调用了一个播放控制操作可能发生。在所有这些错误条件下，内部的播放引擎会调用一个由客户端程序员提供的 OnErrorListener.onError()方法。客户端程序员可以通过调用 MediaPlayer.setOnErrorListener（android.media.MediaPlayer.OnErrorListener）方法来注册 OnErrorListener。

（3）调用 setDataSource(FileDescriptor)方法，或 setDataSource(String)方法，或 setDataSource(Context,Uri)方法，或 setDataSource(FileDescriptor,long,long)方法会使处于 Idle 状态的对象迁移到 Initialized 状态。

（4）在开始播放之前，MediaPlayer 对象必须要进入 Prepared 状态。

（5）要开始播放，必须调用 start()方法。当此方法成功返回时，MediaPlayer 的对象处于 Started 状态。isPlaying()方法可以被调用来测试某个 MediaPlayer 对象是否在 Started 状态。

（6）播放可以被暂停，停止，以及调整当前播放位置。当调用 pause()方法并返回时，会使 MediaPlayer 对象进入 Paused 状态。注意 Started 与 Paused 状态的相互转换在内部的播放引擎中是异步的。所以可能需要一点时间在 isPlaying()方法中更新状态，若在播放流内容，这段时间可能会有几秒钟。

（7）调用 stop()方法会停止播放，并且还会让一个处于 Started，Paused，Prepared 或 PlaybackCompleted 状态的 MediaPlayer 进入 Stopped 状态。

（8）调用 seekTo()方法可以调整播放的位置。

（9）当播放到流的末尾，播放就完成了。

最后我们需要了解在录制音频时我们需要注意一下几个问题：

①录制前我们需要使用 setXXX 方法设置音频的属性和输出文件路径。

②音频文件会使用临时文件，主要原因是由于临时文件每次会生成不同的文件名，可以避免文件的覆盖。

我们可以播放包含在 apk 文件中和手机、内存卡上的音频文件。而我们最常使用的就是铃声，Android 本身会提供一些默认的铃声文件，存储在/system/media/audio 文件中，我们也可在网上下载自己喜欢的歌曲作为铃声。铃声主要分为来电铃声、闹铃和通知铃声。

小结

1．使用全球定位服务可以查看你的位置和定位你的模拟器,若要确定设备所在的位置，需要以下的步骤来实现：

（1）使用 Location_service 参数调用 getSystemService()方法，获取一个 LocationManager 实例。

（2）在 AndroidManifest.xml 文件中加入适当的许可权限，这取决于应用程序所获取的位置信息类型。

（3）使用 getAllProviders()方法或 getBestProvider()方法选择一个服务提供方。

（4）实现 LocationListener 类。

（5）使用所选的服务提供方和 LocationListener 对象，通过调用 requestLocationUpdates()方法启动位置信息的接受。

2．邻近警告是指 Android 设备处于临近位置时触发的警报。

3．Android 拍照的核心类是 android.hardware.Camera，通过 Camera.open 方法可以获得拍摄对象，并通过 Camera.startPreview 方法开始拍照，最后通过 Camera.takePicture 结束拍照。

4．VideoView，用于播放一段视频媒体，继承了 SurfaceView，位于 android.widget.VideoView，是一个视频控件，可以播放 H.264、3GP 和 WMV 格式的视频文件。

5．在录制音频时我们需要注意并了解：

- 录制前我们需要使用 setXXX 方法设置音频的属性和输出文件路径。
- 音频文件会使用临时文件，主要原因是由于临时文件每次会生成不同的文件名，可以避免文件的覆盖。

6．技术图中相关方法，查阅相关资料看看每一种方法的说明。

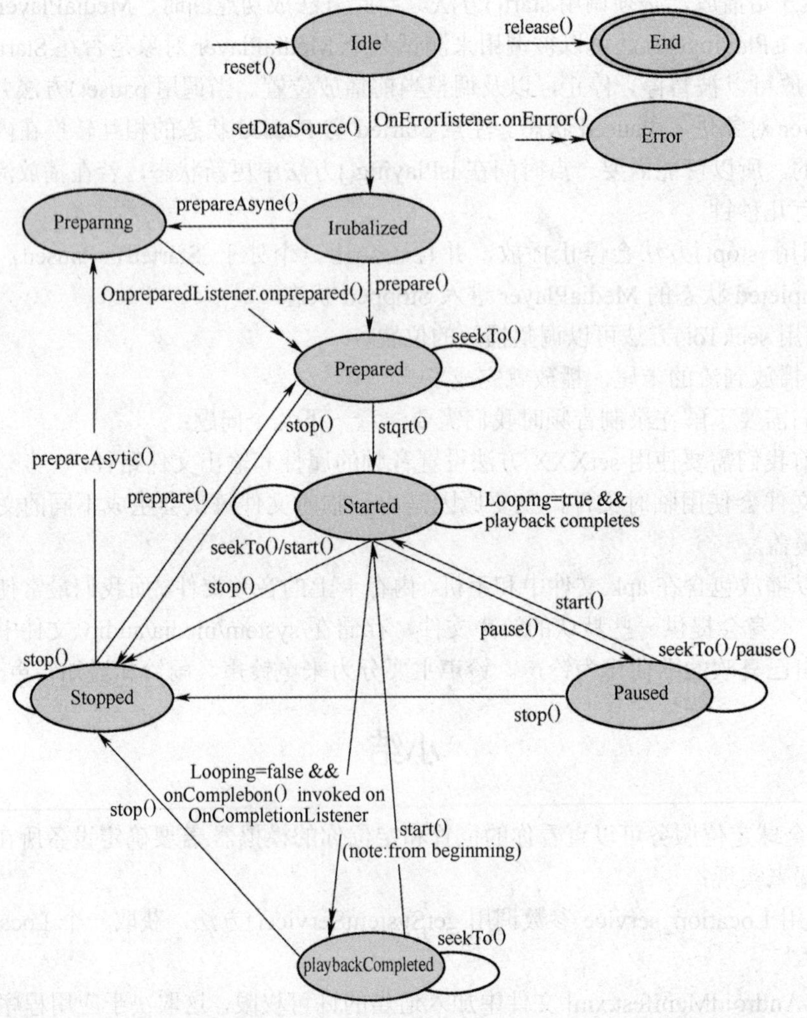

第 14 章　Android 手机服务

14.1　使用传感器

自从在 iPhone 上增加了加速度和光感传感器之后，各种传感器应用也成为了新智能手机的一个代表性的特色。Android SDK 提供设备上的传感器对原始数据的访问，也可使传感器硬件完全抽象画，我们可以将其看成是一个数组发生装置，能够向系统提供不断更新的数组，而应用程序只需要进行简单的处理即可。从 Android 1.5 开始，系统内置了对多达八种传感器的支持，他们分别是：加速度传感器（accelerometer），陀螺仪（gyroscope），环境光照传感器（light），磁力传感器（magnetic field），方向传感器（orientation），压力传感器（pressure），距离传感器（proximity）和温度传感器（temperature）。SensorManager 对象监听来自传感器的数据。同时 SensorManager 对象为设备上可能存在的各种不同传感器定义了一系列的标示符，并不是每个设备都拥有所有的传感器，例如：

Sensor_Accelerometer：在三个方向上测量加速度。

Sensor_Light：测量光照强度。

Sensor_Magneticfield：在三个方向上测量磁场，即指南针。

Sensor_all：包含所有传感器。

上述的几个传感器是比较常用的，但是还有好多就不一一举例，除了标示符外，SensorManager 对象还拥有针对特定传感器的若干属性值。

在 Android 1.5 中对 SensorManager 进行了重新的设计，引入了一个新的类 GeomagneticField，位于 android.hardware 中。它使用世界磁场模型来估计地球上任何一个位置的磁场，一般用于确定地磁北极和地理北极之间的偏差。

所有的数据只有在校准之后在能够为应用程序所使用。传感器通常灵敏度非常强，很容易受到影响，一般采用平滑处理来降低噪音和抖动造成的影响，具体的实现还要依赖于应用程序的功能。

从传感器管理器中获取其中某个或者某些传感器的方法有如下三种：

第一种：获取某种传感器的默认传感器。

```
Sensor defaultGyroscope = sensorManager.getDefaultSensor(Sensor.TYPE_GYROSCOPE);
```

第二种：获取某种传感器的列表。

```
List<Sensor> pressureSensors = sensorManager.getSensorList(Sensor.TYPE_PRESSURE);
```

第三种：获取所有传感器的列表，我们这个例子就用的第三种。

```
List<Sensor> allSensors = sensorManager.getSensorList(Sensor.TYPE_ALL);
```

对于某一个传感器，它的一些具体信息的获取方法可以见表 14-1。

表 14-1　获取方式

方法	描述
getMaximumRange()	最大取值范围
getName()	设备名称
getPower()	功率
getResolution()	精度
getType()	传感器类型
getVentor()	设备供应商
getVersion()	设备版本号

14.2　使用 Wi-Fi

生活在本世纪的上班族们，Wi-Fi 似乎已经成为我们生活的必需品。所谓的 Wi-Fi 就是无限兼容认证，俗称无限宽带，它是一种短程无线传输技术，可以支持小范围内的互联网无线电信号，支持手机、上网本等设备，实现了终端以无线方式相互连接的技术。Android SDK 提供了一系列的 API 来获取设备可用的 Wi-Fi 网络信息，以及网络连接的细节。这些信息可以用来检测信号强度、查找接入点或者在连接到特定接入点后执行某些操作。Wi-Fi 作为一种终端设备在 Android 设备中使用的越来越广泛。

Android 下的 Wi-Fi 组成如下：

- Wi-Fi 的相关应用程序
- Wi-Fi 的 jni 部分
- Wi-Fi 的 java 框架部分
- WPA 适配层
- Wpa_supplicant 程序
- Wi-Fi 的驱动部分

在 Android 中对 Wi-Fi 操作，Android 本身提供了一些有用的包，在 android.net.wifi 包下面。简单介绍一下，大致可以分为四个主要的类 ScanResult、WifiConfiguration、WifiInfo、WifiManager。

（1）ScanResult，主要是通过 Wi-Fi 硬件的扫描来获取一些周边的 Wi-Fi 热点的信息。

（2）WifiConfiguration，在我们连通一个 Wi-Fi 接入点的时候，需要获取到的一些信息。大家可以跟我们有线的设备进行对比一下。

（3）WifiInfo，在 Wi-Fi 已经连通了以后，可以通过这个类的获得一些已经连通的 Wi-Fi 连接的信息获取当前链接的信息，这个就比较简单了，这里简单介绍一些方法：

getBSSID()，获取 BSSID。

getDetailedStateOf()，获取客户端的连通性。

getHiddenSSID()，获得 SSID 是否被隐藏。

getIpAddress()，获取 IP 地址。

getLinkSpeed()，获得连接的速度。

getMacAddress()，获得 Mac 地址。

getRssi()，获得 802.11n 网络的信号。

getSSID()，获得 SSID。

getSupplicanState()，返回具体客户端状态的信息。

（4）WifiManager，这个不用说，就是用来管理我们的 Wi-Fi 连接，这里已经定义好了一些类，可以供我们使用。这里来说相对复杂，里面的内容比较多，但是通过字面意思，我们还是可以获得很多相关的信息。这个类里面预先定义了许多常量，可以直接使用，不用再次创建。

14.3　监视电池

目前所有的移动设备都依赖于电池，它的重要性就好比空气对于人的生活一样。有时当我们使用某些软件时可能由于电量不够而不能使用。通过监视电池的电量级别不仅可以监测应用程序的执行效率，而且可以通过改变行为来维持电量的操作。

对电池进行监测，我们需要做如下操作，首先，将 XML 添加到 AndroidMainfest.xml 文件中：

```
<uses-permission
    Android:name="android.permission.BATTERY_STATS"/>
```

其次，应用程序要注册特定的 BroadcastIntent，也就是 Intent.ACTION_BATTERY_CHANGED，代码如下：

```
RegisterReceiver(batterRcv,
new IntentFilter(Intent.ACTION_BATTERY_CHANGED));
```

最后，应用程序需要对 BroadcastReceiver 实现。通常我们手里的设备会以图标的方式显示当前的电量、电池类型或温度。

小结

1．Android SDK 提供设备上的传感器对原始数据的访问，SensorManager 对象监听来自传感器的数据。

2．Android 下的 Wi-Fi 组成如下：Wi-Fi 的相关应用程序、Wi-Fi 的 jni 部分、Wi-Fi 的 java 框架部分、WPA 适配层和 Wpa_supplicant 程序、Wi-Fi 的驱动部分。

3．通过监视电池的电量级别不仅可以监测应用程序的执行效率，而且可以通过改变行为来维持电量的操作。